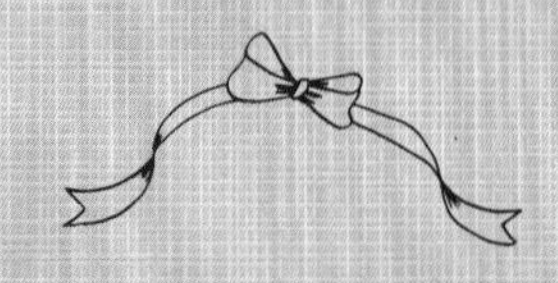

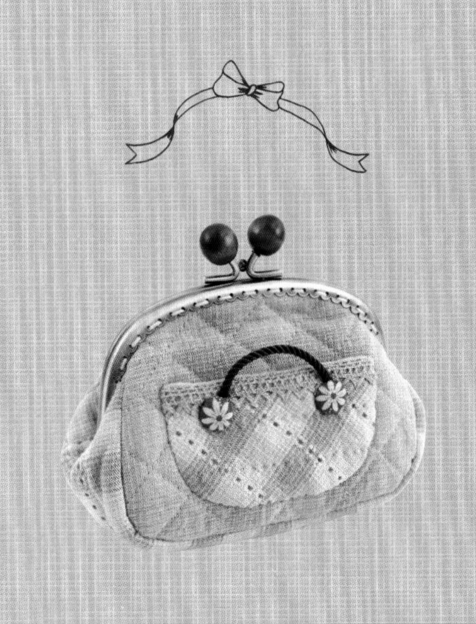

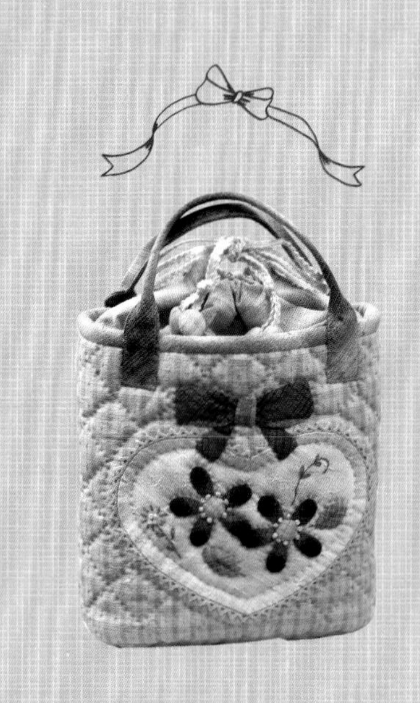

40 款可愛實用的手作包 ・ 布小物 ・ 家飾用品

南久美子の暖暖系拼布

在從事縫紉工作的時候，作品是為了比賽或展示會而完成的，但開始製作拼布也生了孩子之後，就被可愛的物品吸引，進而製作日常生活中方便、具實用性，且百看不膩的作品，在家中使用除了賞心悅目，也考量到包款的功能性，方便收納與拿取而設計製作。

本書是以縫紉與拼布結合在一起的形式，也是我一直以來想作的事。埋首在將布料一片片縫製時，或從一條縫線開始拼接成一個花紋圖案的時刻，都是享受當下最美好的時光。

懷著雀躍的心情製作作品，並能受到眾人喜愛，是很開心的一件事。

南 久美子

接觸縫紉設計後，1993年開始製作拼布，1995年創立「Quilt Gallery瑞（ZUI）」，除了開設拼布教室外，於大丸神戶等也另設教學課程。

目錄

多口袋化妝包＆收納袋

有好多內口袋，能夠每天使用的化妝包與收納袋，
讓人心動，小巧可愛的設計。

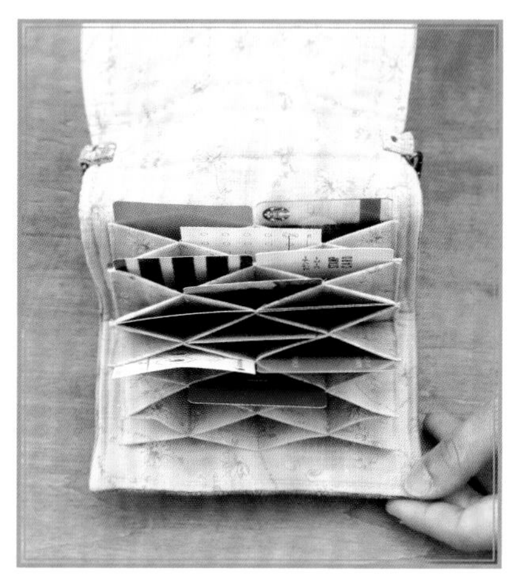

1 手拿型卡片收納包

裝飾上大蝴蝶結的可愛手拿包，打開蓋子後有能夠收納17張卡片的內口袋，裝上包包的提把後，提著走也很可愛哦！

10.5×14cm 作法＊P.6

2・3 5個內口袋的多功能包

以「心形」與「咖啡杯」的可愛圖案作為主角，將2個內口袋與拉鍊內口袋縫製在一起，成為有5個內口袋的設計，作品的拉鍊長度足夠，可以方便地開闔。

12.5×19.5cm 作法＊P.8

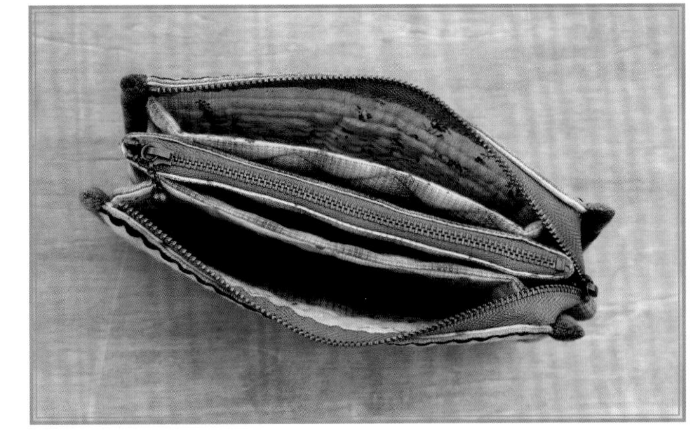

P.4 1 手拿型卡片收納包

●材料

拼布用各色零碼布　A用布20×10㎝　E、F用布10×20㎝（包含隔間布的部分）　G用布25×20㎝　裡布110×30㎝（包含隔間布的部分）單膠拼布棉20×30㎝　寬2.5㎝裝飾壓釦1組　內徑1.2㎝D型環2個　長20㎝附有活動鉤的提把1條

●作法順序

製作A至G的表布拼接→準備5片隔間布，縫合在裡布上→將表布與裡布正面疊合，再疊上拼布棉→如圖縫製即完成。

●作法重點

◯縫法在②翻回正面後，以熨斗將拼布棉燙貼完成，進行壓線。

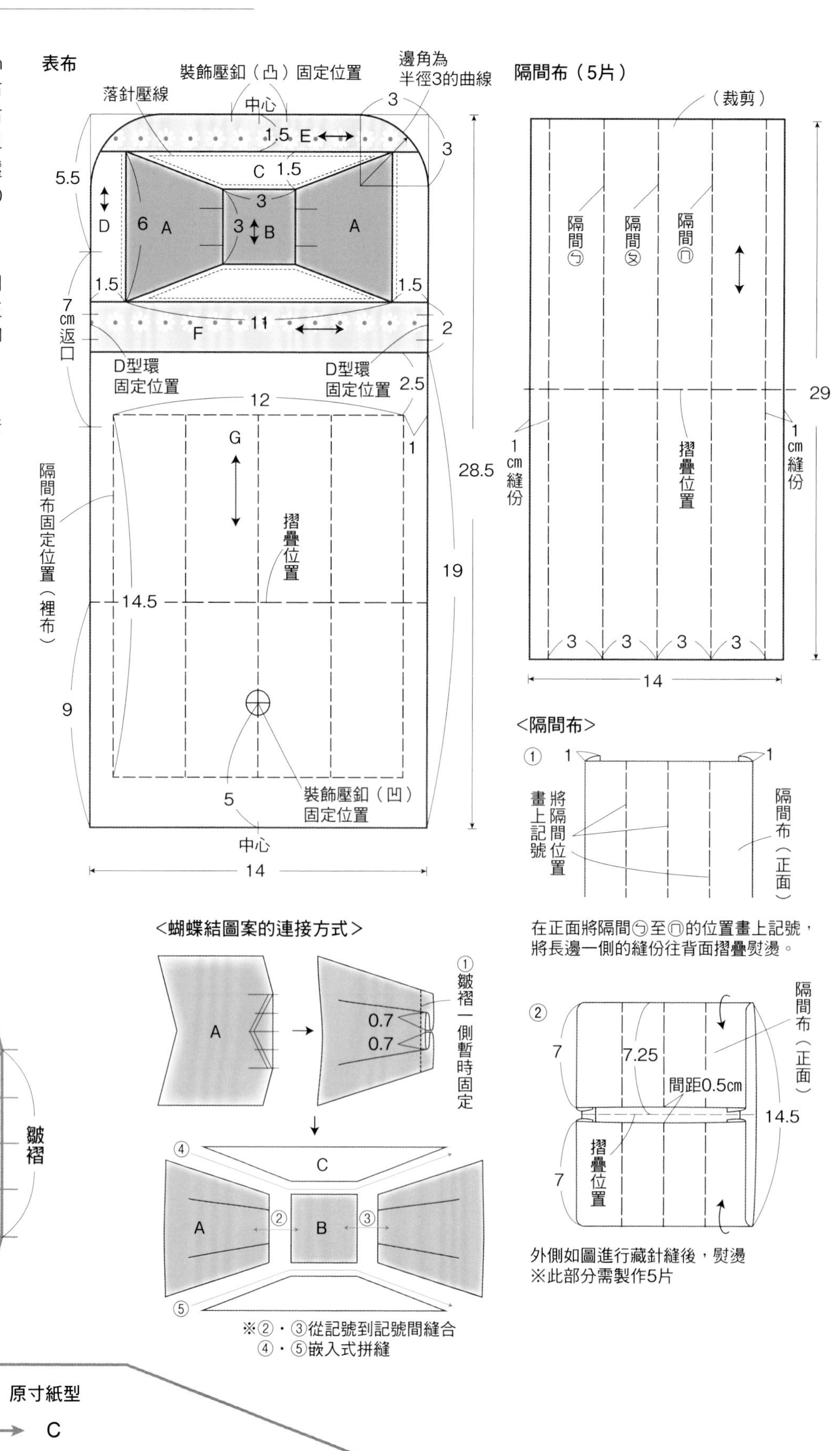

<隔間>

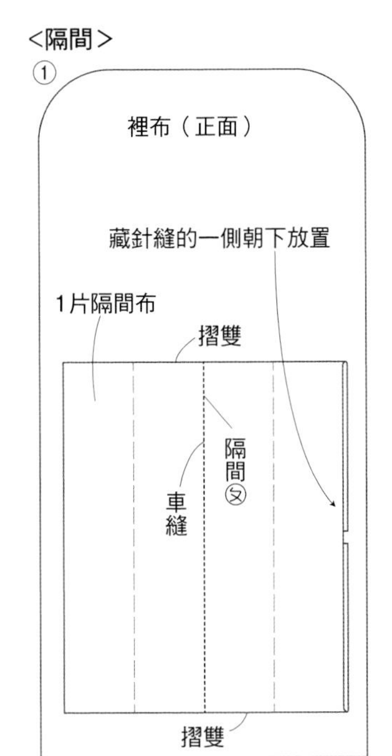

在裡布的固定位置將隔間布1片
重疊上去後將隔間ㄆ縫合

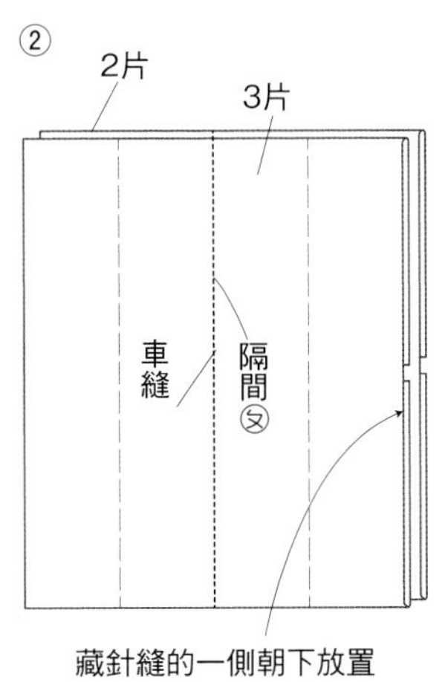

2片與3片的隔間布
進行藏針縫後將隔間ㄆ縫合
4片與5片的隔間布作法相同

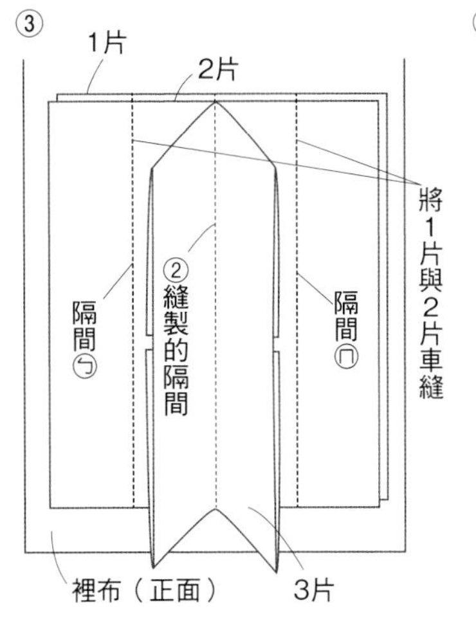

在1片的隔間布重疊上2片・3片的
隔間布
1片與2片的隔間布將隔間ㄅ與ㄇ
縫合
（避開裡布與3片）

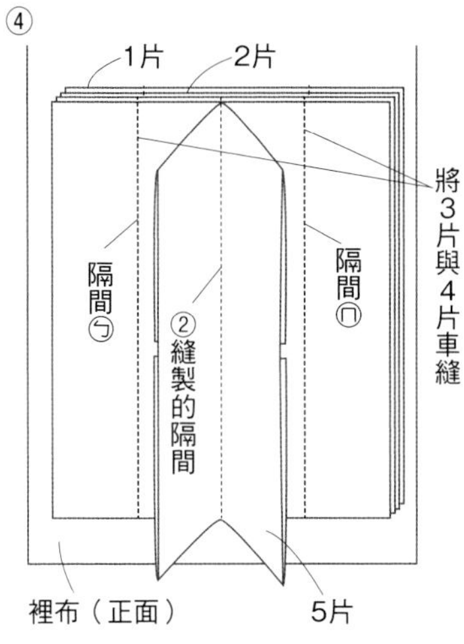

在3片的隔間布重疊上4片・5片
的隔間布
3片與4片的隔間布將隔間ㄅ與ㄇ
縫合
（避開裡布與1、2、5片）

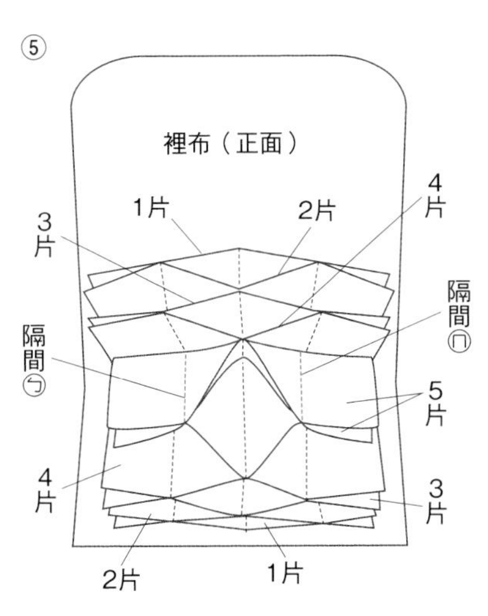

5片的隔間摺疊位置為谷摺
5片僅將隔間ㄅ與ㄇ縫合
（避開裡布與1至4片）

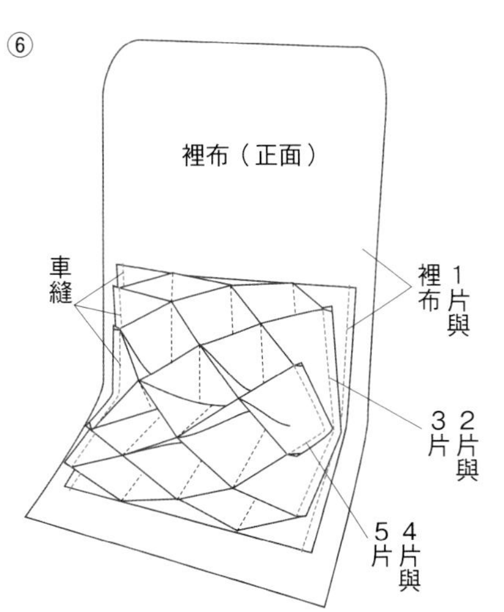

如圖示，從下方開始將每2片隔間布
邊端進行藏針縫，將邊端以車縫縫合
（縫合時避開組合以外的部分）。

<作法>

將拼縫的表布與隔間布
的正面相對疊合
裡布一側
將拼布棉重疊後
縫合後預留返口

D型環耳絆（2片）<環釦耳絆>

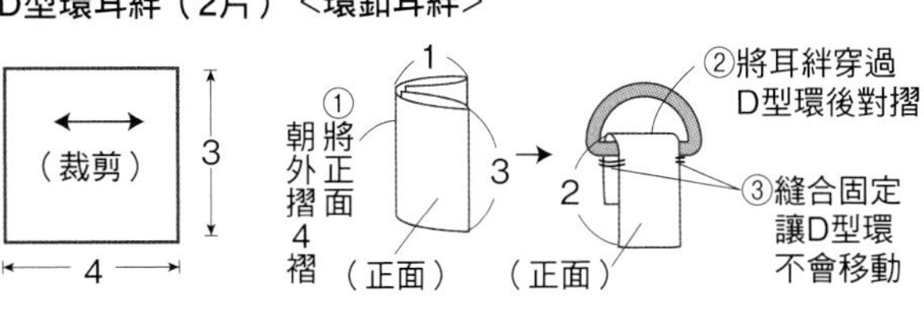

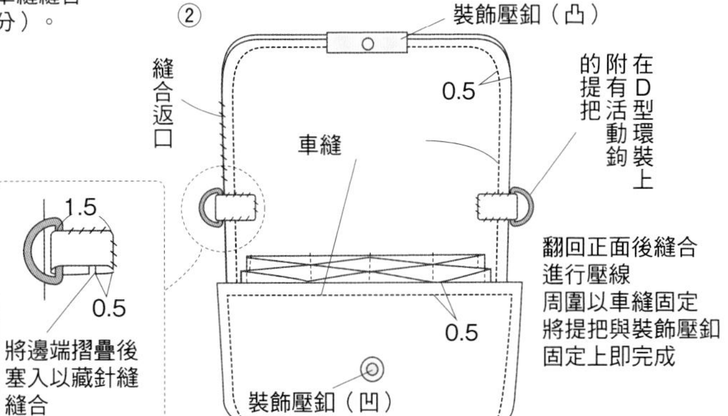

翻回正面後縫合
進行壓線
周圍以車縫固定
將提把與裝飾壓釦
固定上即完成

2・3 5個內口袋的多功能包

●材料（1件的用量）

拼布、各色貼布縫用布
內口袋A・B用表布45×40cm（包含包釦的部分）　裡布110×25cm（包含內口袋B用裡布的部分）
單膠拼布棉100×20cm　厚布襯45×15cm　長16cm、20cm拉鍊各1條　寬0.3cm水兵帶40cm　直徑2cm包釦芯2個　包釦用拼布棉10×5cm
滾邊用寬3.7cm斜布條100cm

●作法順序（共同）

製作表布的拼布、貼布縫一側的上方→將表布縫上壓線、固定拉鍊→製作內口袋A→製作內口袋B→如圖縫製即完成。

●作法重點

〇表布與內口袋A的縫法＞②翻回正面後，以熨斗將拼布棉燙貼完成，進行壓線。
〇星止縫的作法P.80。

※A至E'與表布，內口袋A・B原寸紙型B面⑨

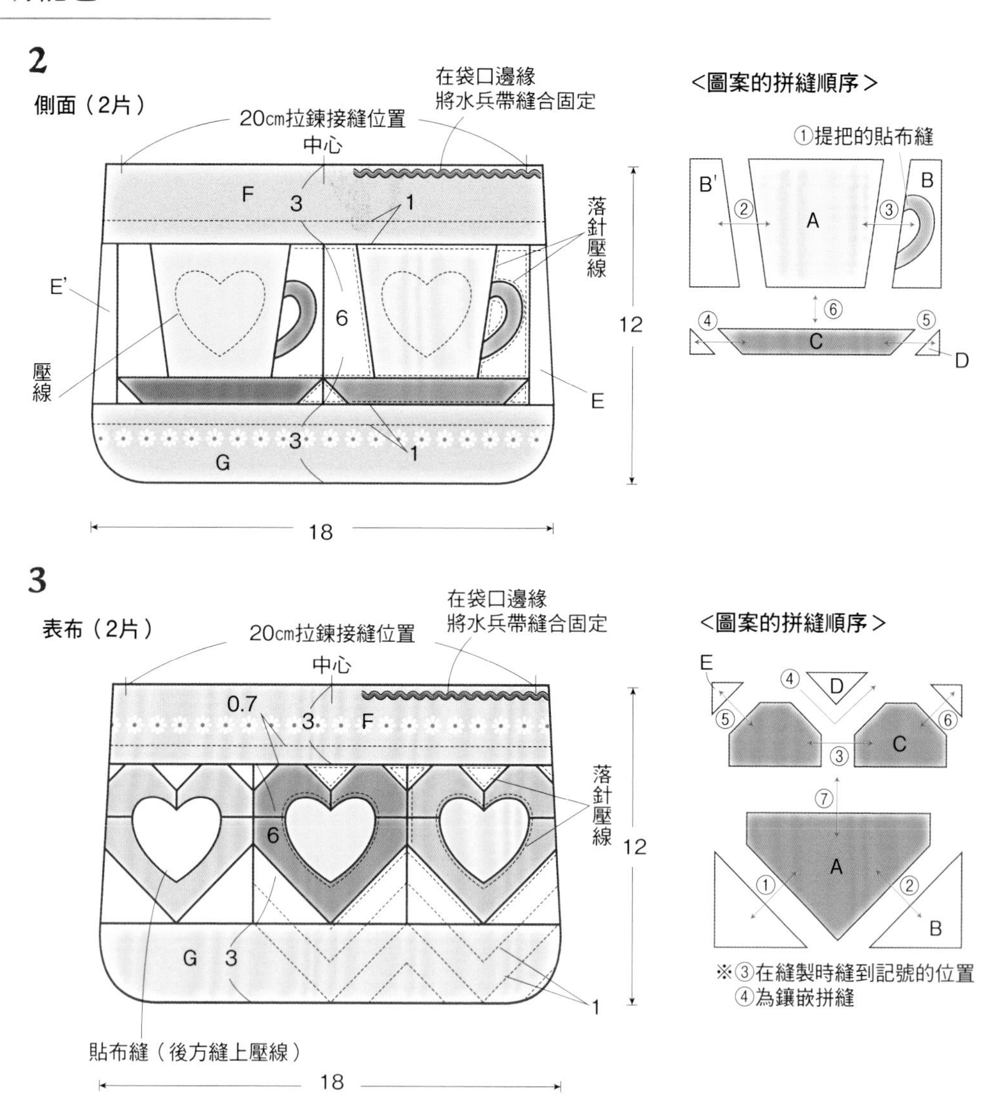

內口袋A・B（各2片）
※2、3作法相同

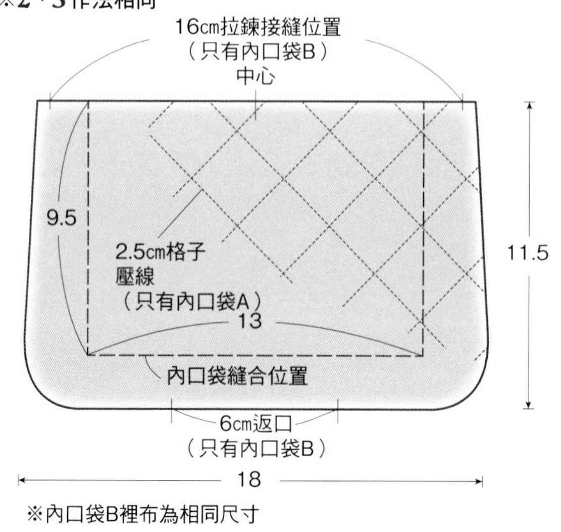

※內口袋B裡布為相同尺寸

包釦（2個）
※2、3作法相同

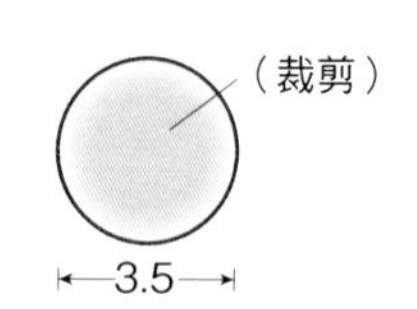

<包釦>

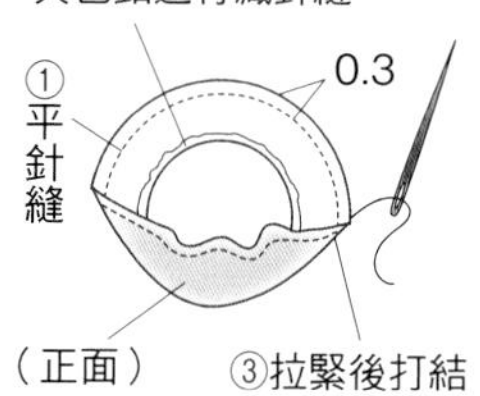

<表布與內口袋A>　※2、3作法相同

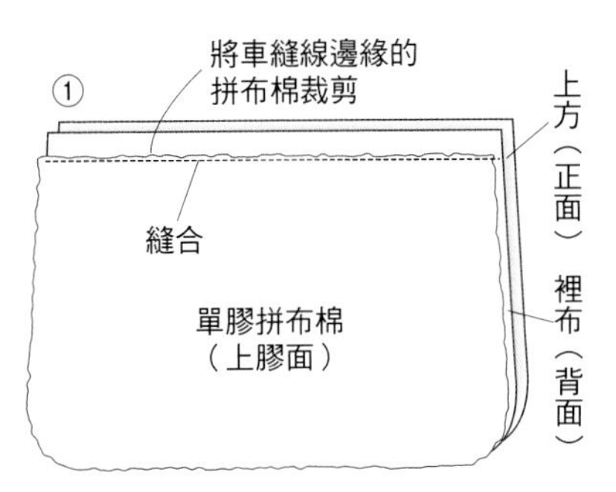

將拼縫上方與裡布，將單膠拼布棉
如圖示重疊上去後將開口縫合。
※內口袋A 2片為相同作法

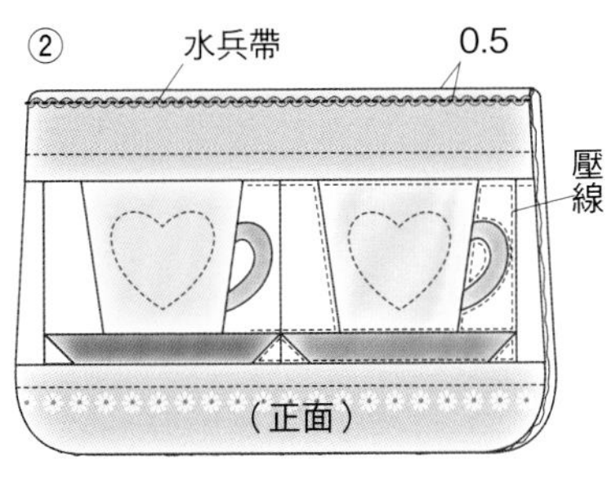

從上方翻回正面，縫上壓線。
袋口的邊緣將水兵帶縫合固定
※內口袋A 2片為相同作法
※內口袋A 沒有水兵帶

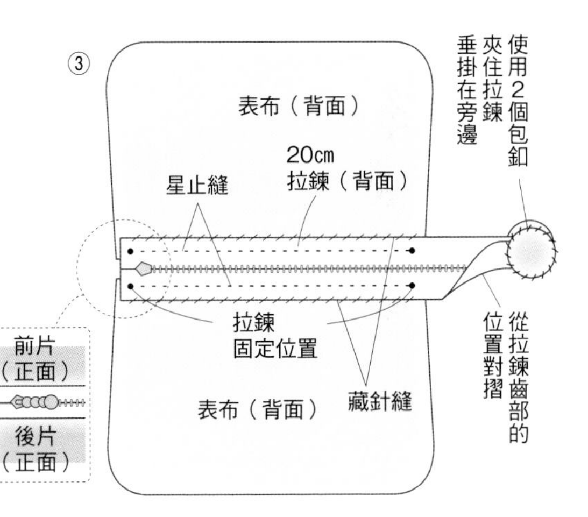

將表布2片袋口的拉鍊在不影響正面的情況下
以星止縫固定，邊端以藏針縫將疏縫的部分固定。
※內口袋A沒有拉鍊

<內口袋B>　※2、3作法相同

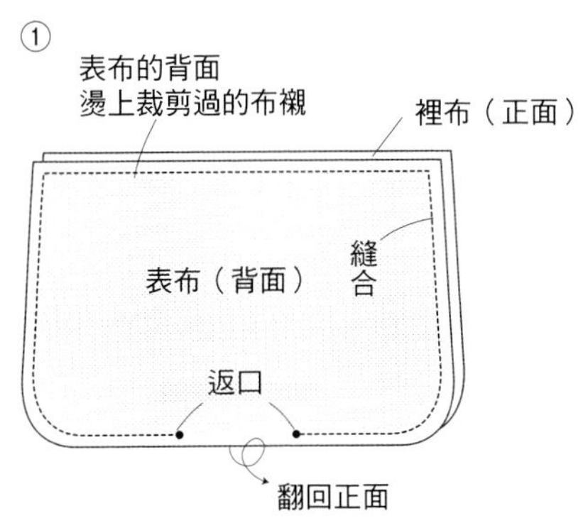

將背面燙上布襯的表布與裡布，
正面相對後預留返口，以藏針縫縫合固定
從返口翻回正面後縫合。
※另一片作法相同

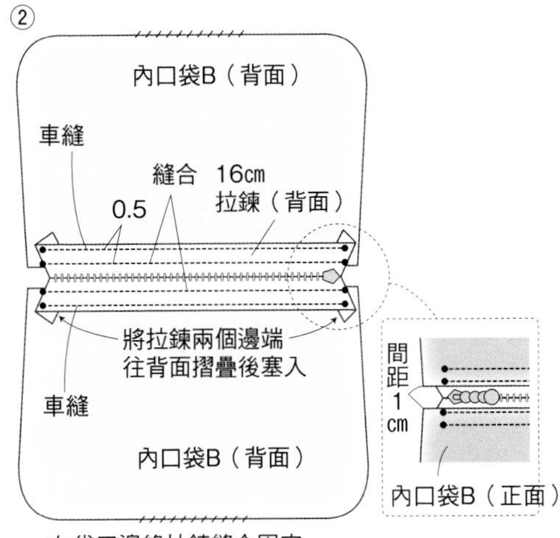

在袋口邊緣拉鍊縫合固定
另一片的內口袋B也是相同固定方式
拉鍊邊端以車縫固定

<作法>　※2、3作法相同

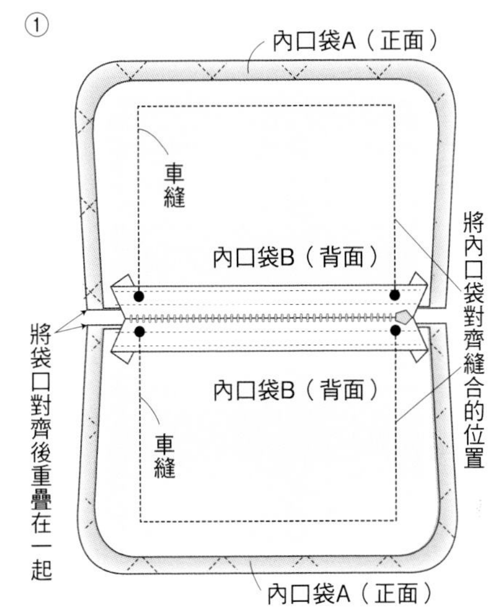

將內口袋A和拉鍊縫合固定與內口袋B
正面疊合，在對齊縫合的位置車縫。

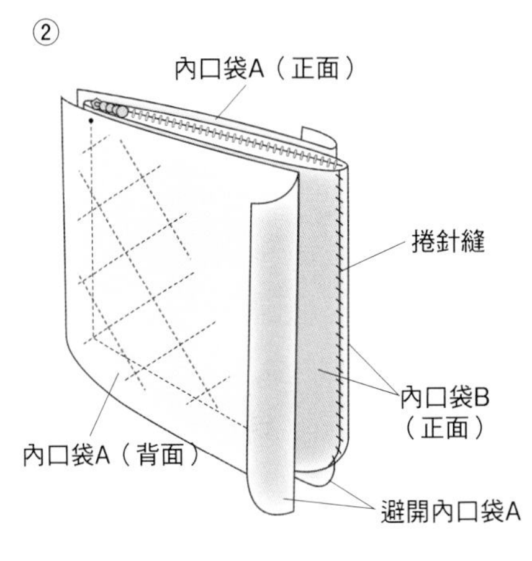

從拉鍊的位置對摺，
內口袋B相同的部分對齊，
將側身與袋底以捲針縫縫合，
製作成袋狀。

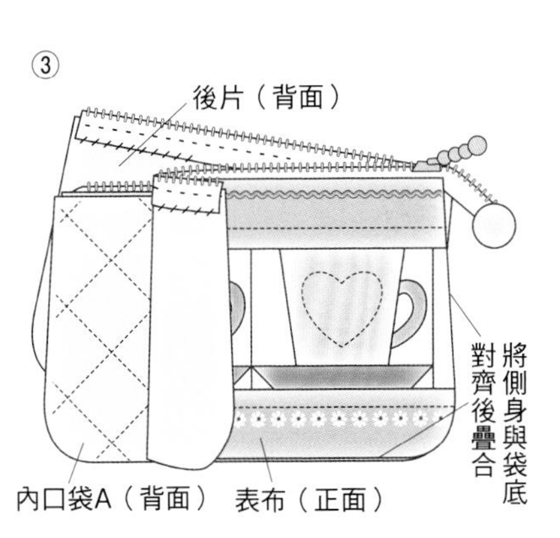

內口袋A的上方表布將背面相對疊合

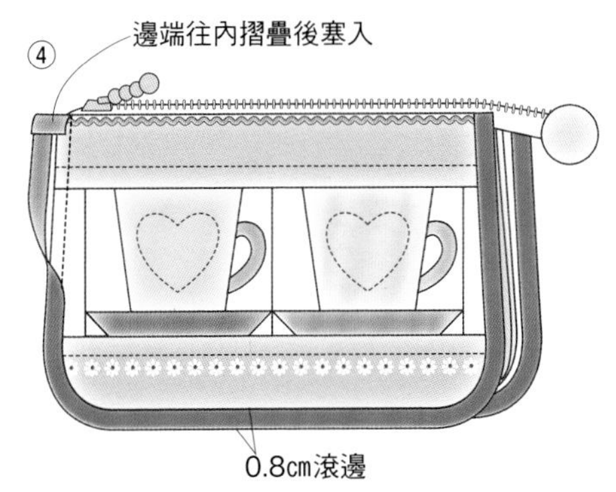

內口袋A與側身對齊後縫合，
裁剪寬3.7cm的斜布條進行進行滾邊。

4
5
PASTEURIZED
PROCESS
CHEESE

4・5 多層萬用收納包

能夠收納B5大小的筆記本或平板的尺寸。
由於袋蓋很大容易關合，攜帶方便！

21×27.5cm 作法＊P.12

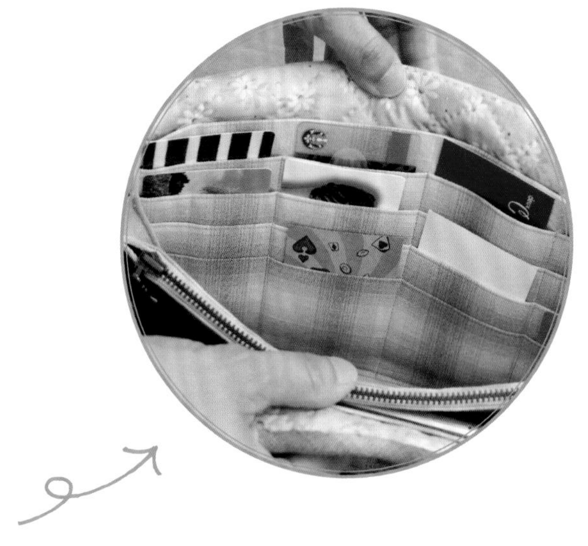

中央是卡片夾、拉鍊內口袋、多層隔間內口袋的構造，由於各自都有側身，擁有大容量的收納空間，卡片夾可放入16張卡片。

祝賀順利生產

生了小孩之後，東西一口氣增加了許多，將健保卡或掛號證、親子手冊、醫療手冊、存摺等放在同一個收納袋裡，相當地便利。

獻給辛勞的媽媽

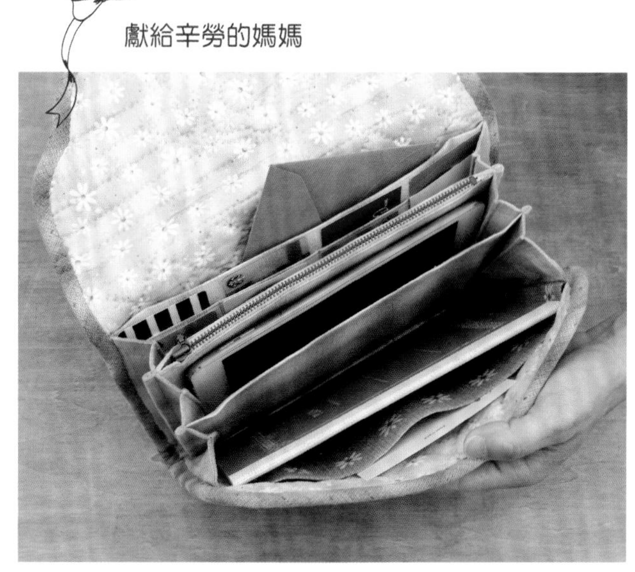

放入了筆記本或平板，是個能夠將工作物品俐落地整理好的收納袋。

4・5 多層萬用收納包

●材料

共同　各式貼布縫用布　B用先染布料30×45cm　單膠拼布棉30×60cm　布襯100×60cm　長20cm拉鍊1條　寬0.5cm細繩10cm　直徑2.5cm鈕釦、直徑2cm包釦芯各1個包釦用拼布棉5×5cm　繡線、縫紉用棉線各適量

4　A用先染布料30×35cm　卡片夾A至C用布110×30cm內口袋A用布35×30cm　內口袋B用布110×50cm（內口袋C、包含隔間側身的部分）　裡布40×65cm（包含包釦的部分）　滾邊用寬3.7cm斜布條160cm

5　A用先染布料30×20cm　裡布110×100cm（包含卡片夾A至C、內口袋A至C、隔間側身、包釦的部分）　滾邊用寬3.7cm斜布條170cm　直徑0.4cm鈕釦1個

●作法順序（共同）

製作縫製上貼布縫A與B的表布→表布燙上拼布棉，將裡布疊合後壓線→參考P.17至P.19的卡片夾與內口袋A，將有隔間側身內口袋製作完成後固定在表布內側，將周圍滾邊→夾住細繩，將包釦縫合上去→將鈕釦縫合固定。

●作法重點

○卡片夾各裁片與內口袋A至C的內側燙上裁剪過的布襯。
○表布與內口袋的作法，滾邊的完成方式，參考P.17至P.19。
○刺繡部分皆為1股繡線，繡法P.13。
○包釦的縫法P.8。

※No.4原寸紙型A面①，No.5原寸紙型A面②

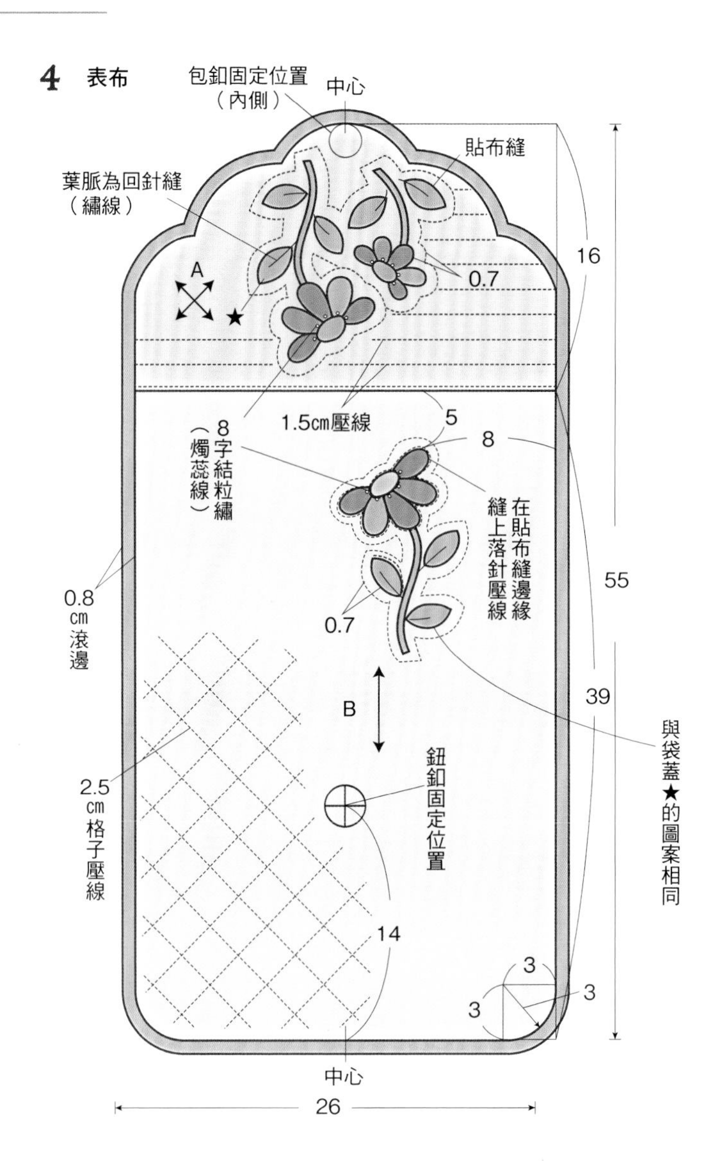

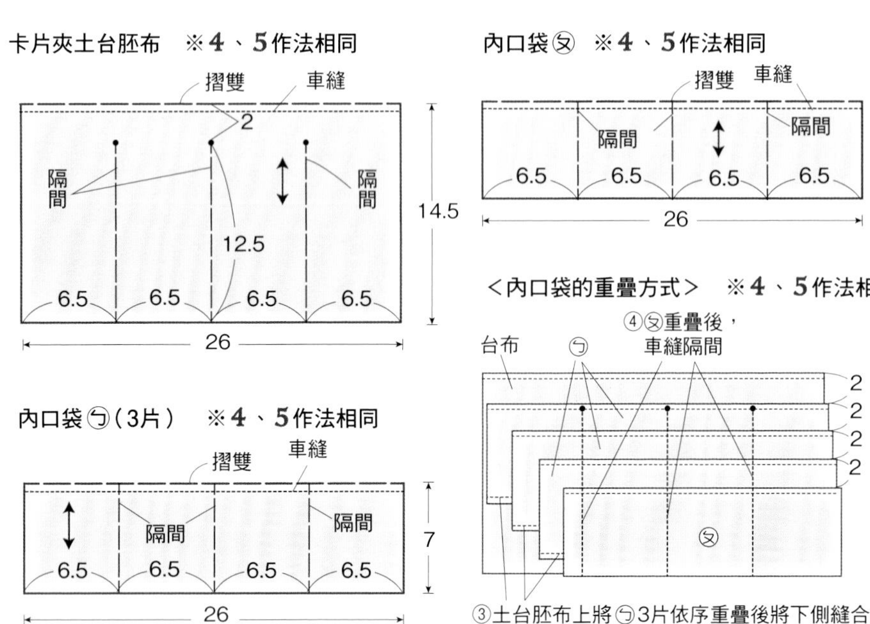

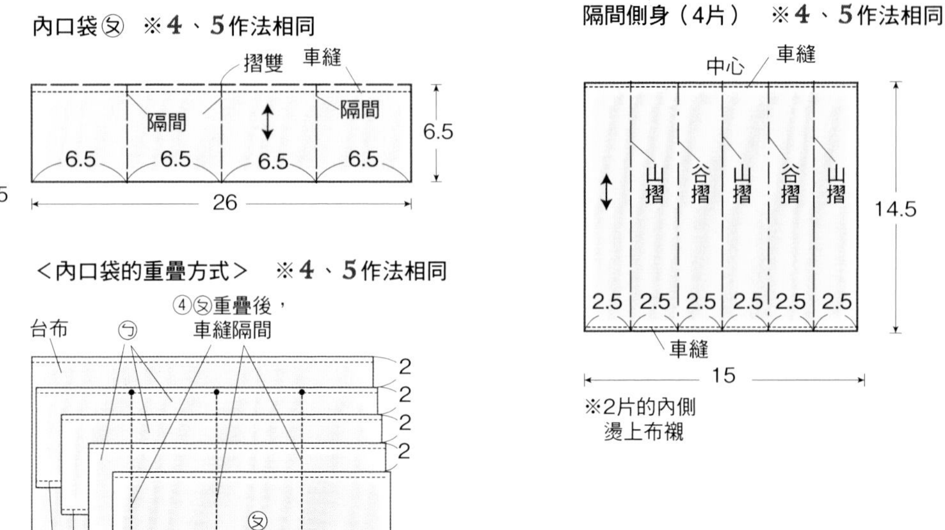

※將土台胚布、口袋㋜至㋡各別在內側燙上布襯

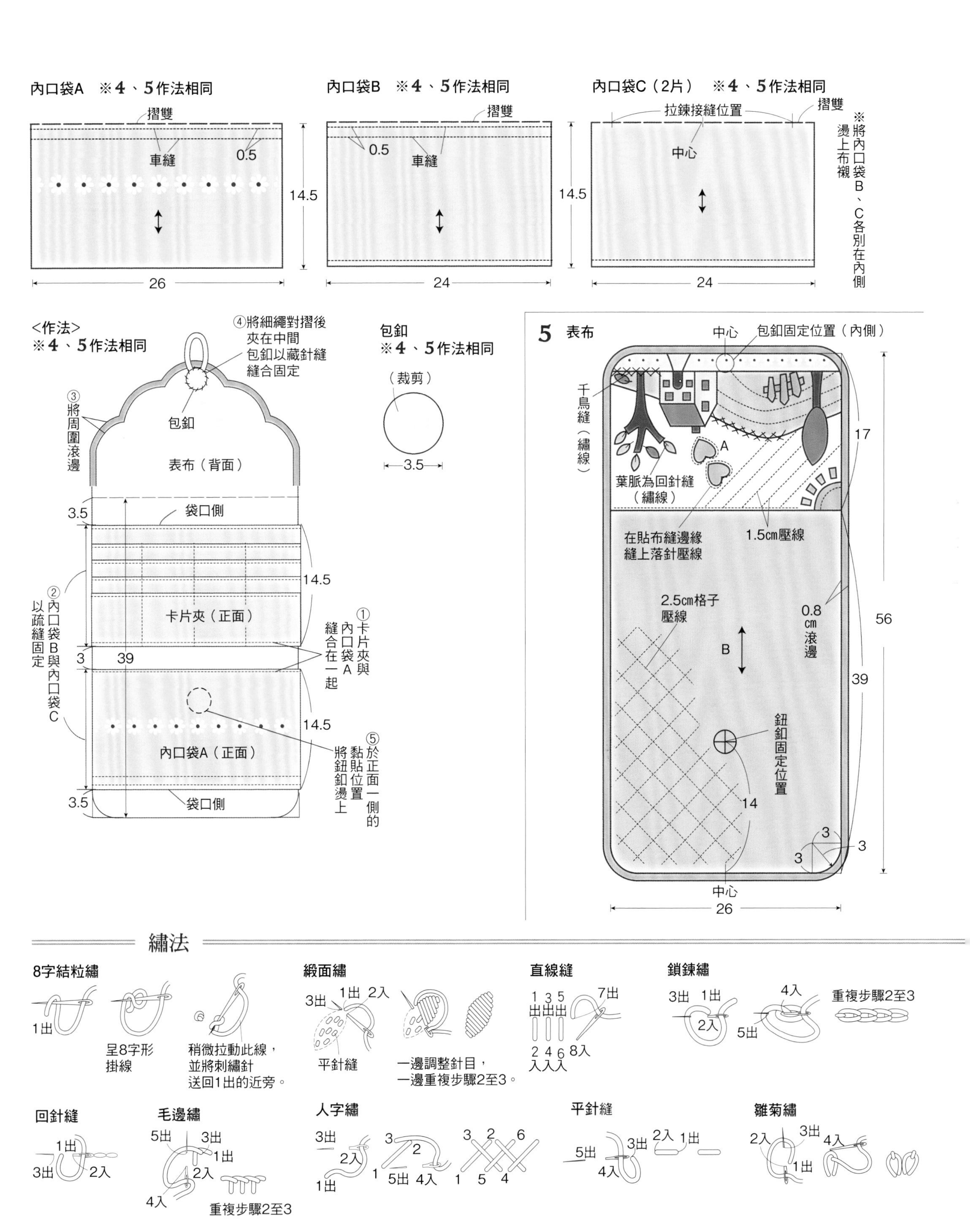

內口袋A ※4、5作法相同
摺雙
車縫
0.5
14.5
26
內口袋B ※4、5作法相同
摺雙
0.5
車縫
14.5
24
內口袋C（2片） ※4、5作法相同
拉鍊接縫位置
摺雙
中心
14.5
24
※將內口袋B、C各別在內側燙上布襯
<作法>
※4、5作法相同
④將細繩對摺後夾在中間 包釦以藏針縫縫合固定
③將周圍滾邊
包釦
表布（背面）
3.5
袋口側
②內口袋B與內口袋C以疏縫固定
14.5
卡片夾（正面）
①卡片夾與內口袋A縫合在一起
3
39
14.5
⑤於正面一側的黏貼位置將鈕釦燙上
內口袋A（正面）
3.5
袋口側
包釦
※4、5作法相同
（裁剪）
3.5
5 表布
中心
包釦固定位置（內側）
千鳥縫（繡線）
A
17
葉脈為回針縫（繡線）
在貼布縫邊緣縫上落針壓線
1.5cm壓線
2.5cm格子壓線
0.8cm滾邊
56
B
39
鈕釦固定位置
14
3
3
3
中心
26
繡法
8字結粒繡
1出
呈8字形掛線
稍微拉動此線，並將刺繡針送回1出的近旁。
緞面繡
3出
1出
2入
平針縫
一邊調整針目，一邊重複步驟2至3。
直線縫
1 3 5 出出出
7出
2 4 6 入入入
8入
鎖鍊繡
3出
1出
2入
4入
5出
重複步驟2至3
回針縫
1出
3出
2入
毛邊繡
5出
3出
1出
2入
4入
重複步驟2至3
人字繡
3出
2入
1出
3
2
1
5出
4入
3 2 6
1 5 4
平針縫
5出
3出
4入
2入
1出
雛菊繡
2入
3出
4入
1出

後片也有
口袋設計。

整理零錢的拉鍊內口袋與卡片夾設計，
因為有隔間，所以能夠放入手機。

6・7

方便隨身攜帶的領結&蘇姑娘斜背包

能夠收納少量物品的小型斜背包，能夠背在肩上真是令人開心，袋蓋上的金屬配件除了能夠確實地關好包包，也增添了懷舊的氣氛。

15.5×22.5cm　作法＊P.15・P.16

6・7 領結＆蘇姑娘斜背包

●材料

共同　拼布用各色拼接用布　A用布35×25cm　耳絆用布10×15cm　裡布80×100cm（包含卡片夾土台胚布、內口袋㋷・㋘、內口袋A至C隔間側身）單膠拼布棉60×30cm　布襯100×55cm　滾邊用寬3.7cm斜布條120cm　長16cm拉鍊1條　金屬轉鎖1組　長75至140cm附有口型環的斜背帶1條

6　寬1.2cm花形蕾絲5片　粉紅線燭芯線適量

7　各色貼布縫用布 B用布25×15cm　寬1.2cm花形蕾絲1條　燭芯線及縫紉用棉線各適量

●作法重點

○No.7的上方縫製貼布縫。

○卡片夾各裁片與內口袋A至C的內側燙上布襯。

○繡法P.13。

※No.6的表布、B・C原寸紙型A面③，No.7的B原寸紙型與表布原寸貼布縫圖案A面④

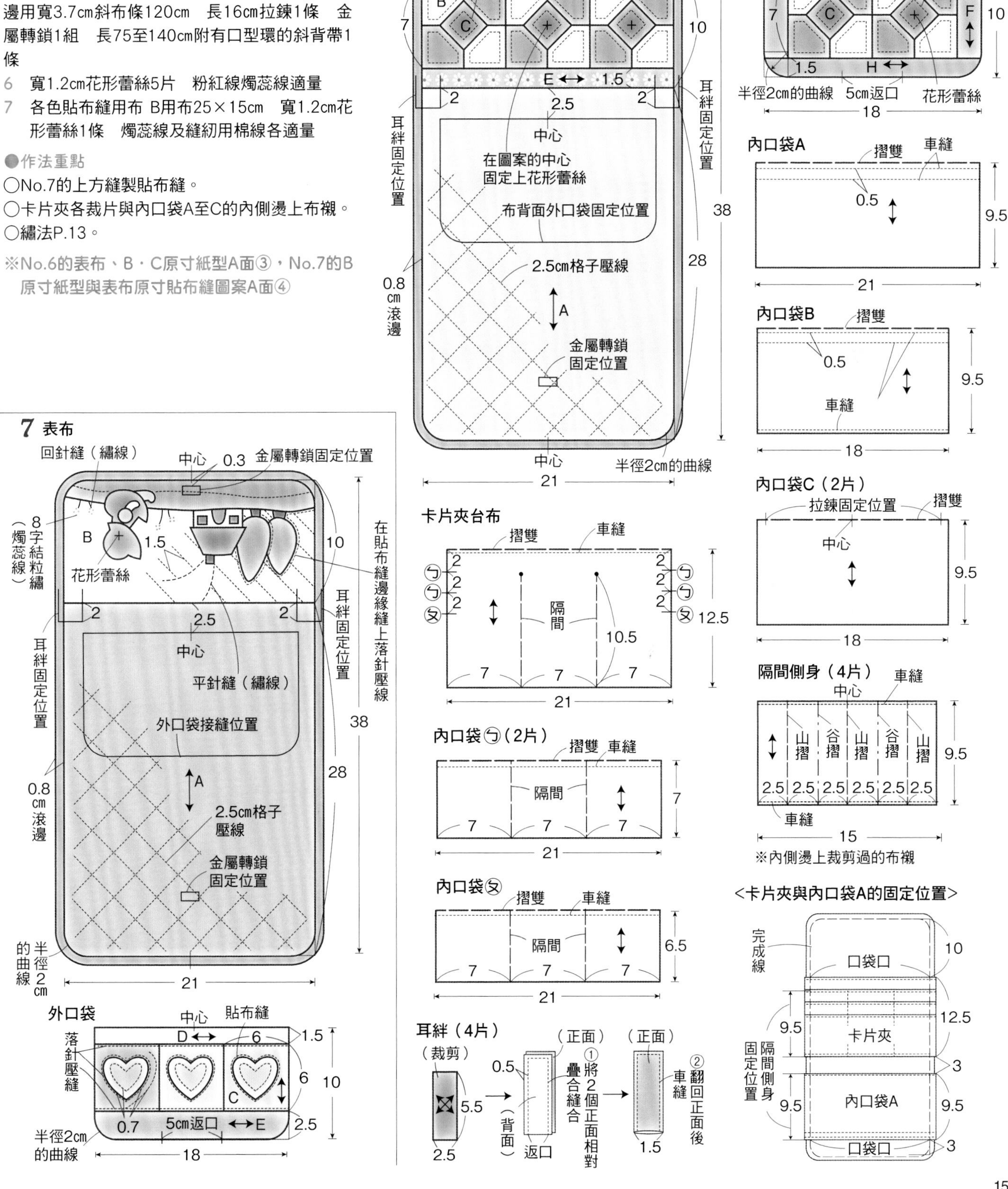

領結＆蘇姑娘斜背包

＊製作表布

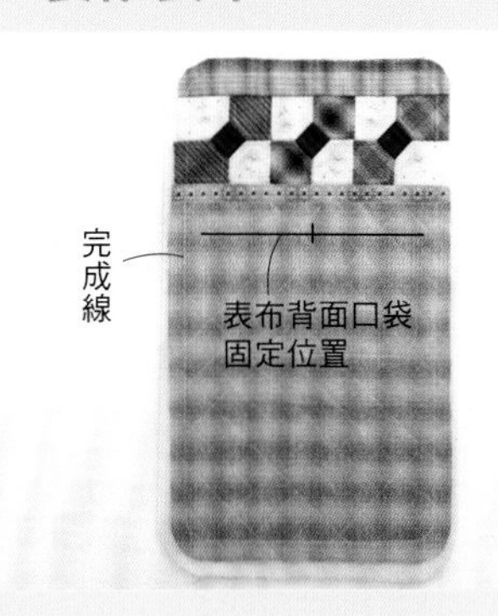

1 將A至E拼縫後，製作表布的上方，內側重疊上裁剪成稍大的拼布棉後，以熨斗熨貼，完成線周圍與內口袋固定位置，以白色熱消筆描繪出壓線記號。

2 內側重疊上裁剪成稍大的3層裡布後以疏縫固定，這時，從中心開始向外側以十字→放射狀的順序固定，周圍距離完成線0.2㎝外側疏縫固定。

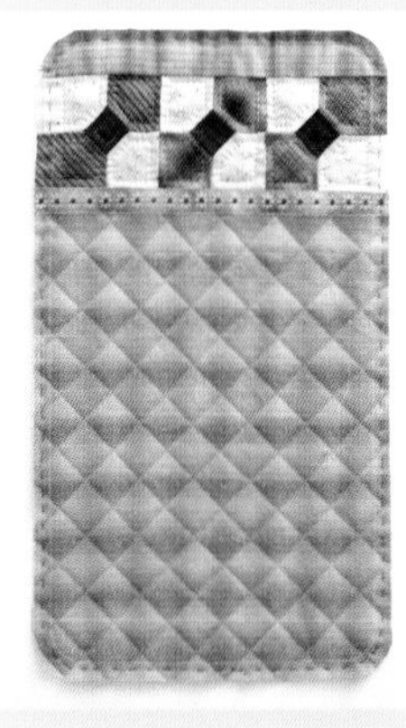

3 壓線完成後將縫份裁剪至1㎝，將完成線0.2外側疏縫線拆除。

＊製作表布背面口袋

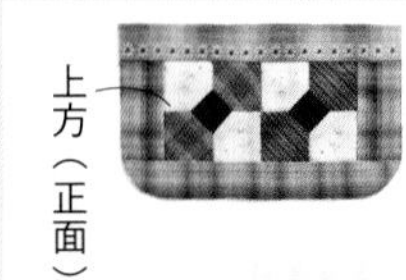

4 將B、C、F至H拼縫後，製作表布背面口袋的上方，準備裁剪成稍大的裡布與單膠拼布棉。

5 表布上方與裡布正面相對疊合縫合，重疊在上膠面朝下的拼布棉上方，以珠針暫時固定。

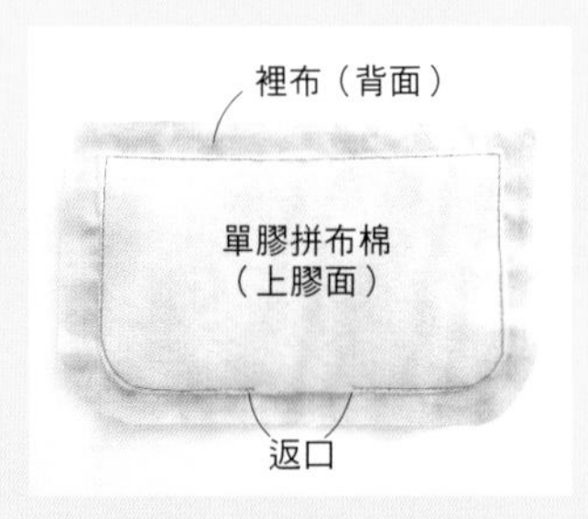

6 順著記號車縫並預留返口，將車縫線外邊緣的拼布棉裁剪，在車縫的時候，車縫到手邊時要將珠針取下。

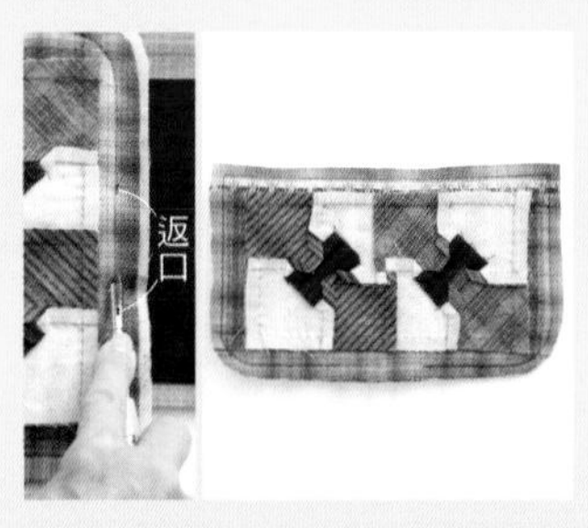

7 以實線點線器（刀刃為平整狀）沿著上方的返口記號上畫上痕跡，將周圍縫份裁剪至0.7㎝。

8 從返口翻回正面，同時將7的痕跡沿著返口的部分，進行藏針縫，調整外形。

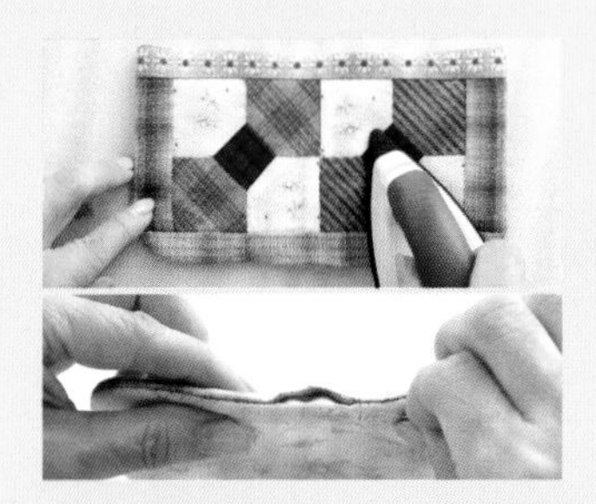

9 以熨斗燙貼拼布棉，將返口縫合。

10 以白色消失筆描繪壓線記號，疏縫後壓線。

11 將外口袋對齊表布記號位置疊合，將袋口以外的周圍進行藏針縫。

12 在手藝用複寫紙的正面將表布放上去，以實線點線器沿著完成線畫上痕跡，將記號印記在裡布上。

＊製作卡片夾

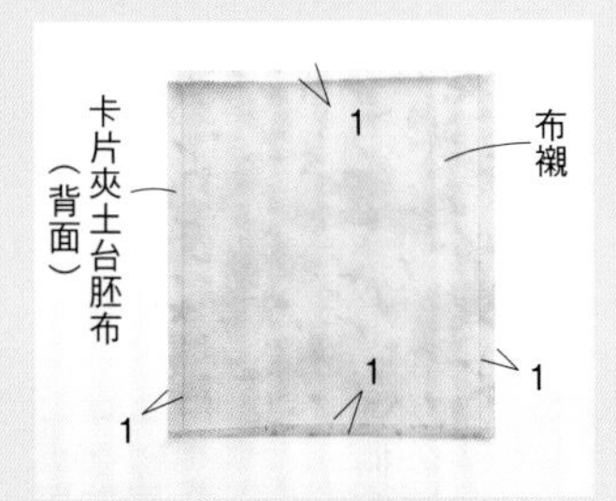

13 加上縫份1㎝後裁剪的卡片夾土台胚布背面，燙上布襯，將上下的縫份往內側摺疊。

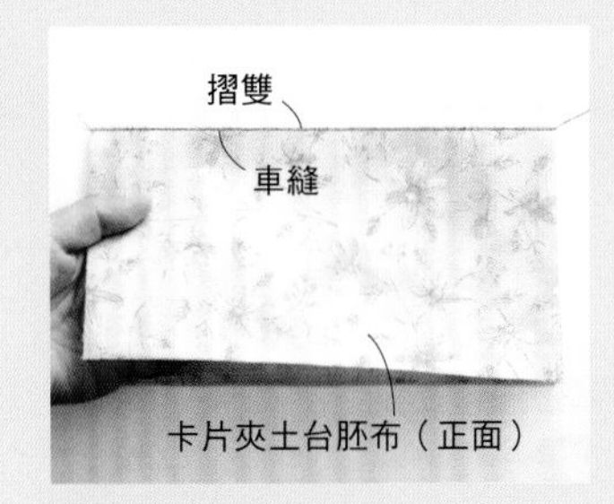

14 將背面重疊後對摺，邊側車縫。

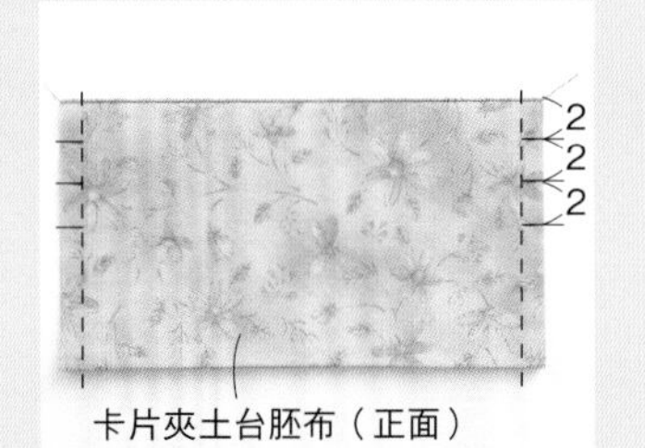

15 將內口袋固定位置在土台胚布左右的縫份部分的3處畫上記號。

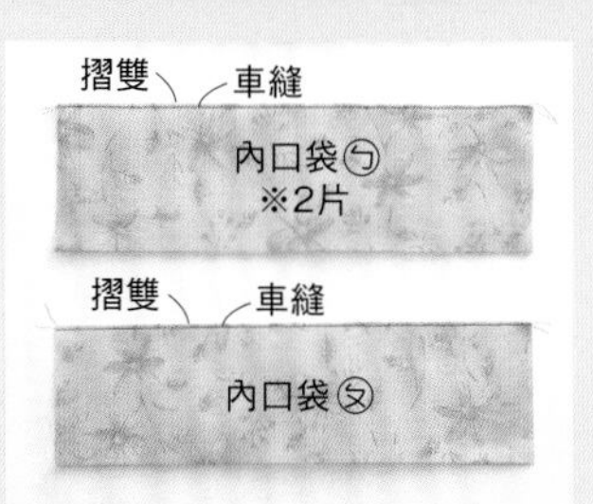

16 準備內口袋用布ㄅ2片、ㄆ1片，與13・14相同方法製作。

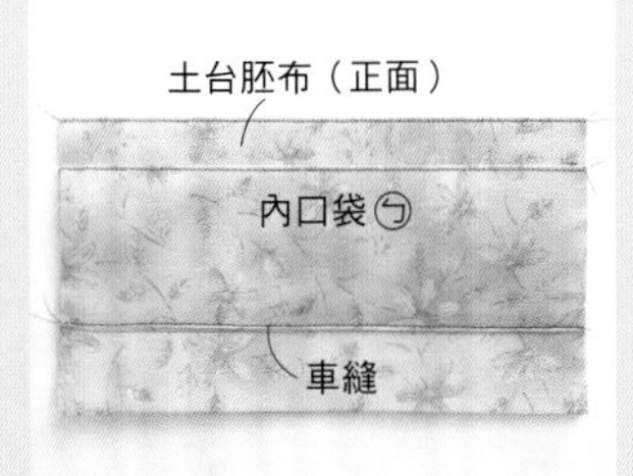

17 最上方的固定位置將內口袋ㄅ疊合，內口袋下方車縫。

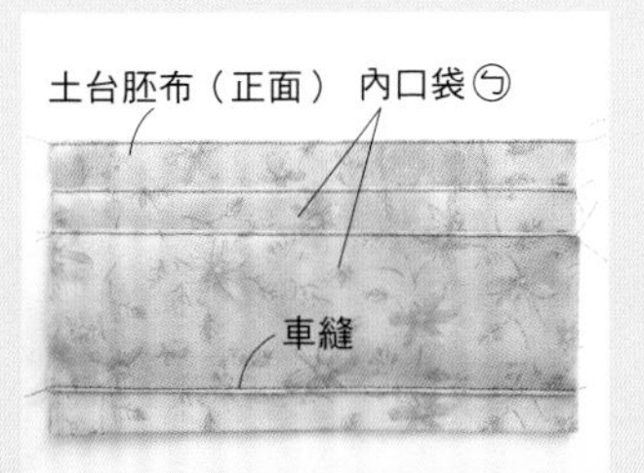

18 正中央的固定位置再將一個內口袋ㄅ疊合，下方車縫。

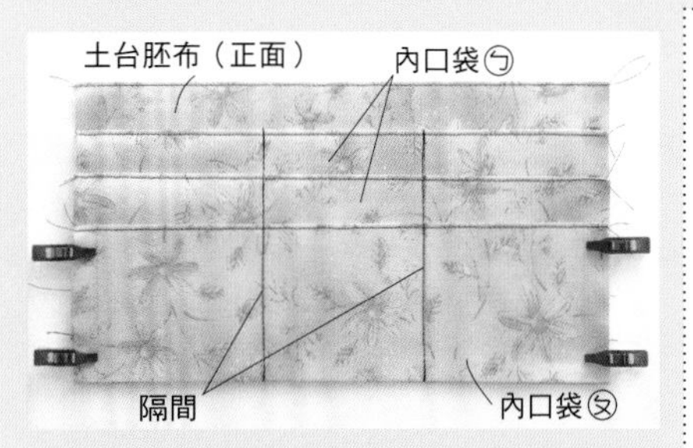

19 下方固定位置將內口袋ㄆ疊合，為了不要讓布的位置移動，將左右的縫份以強力夾暫時固定，將隔間車縫。

強力夾

Clover（株）

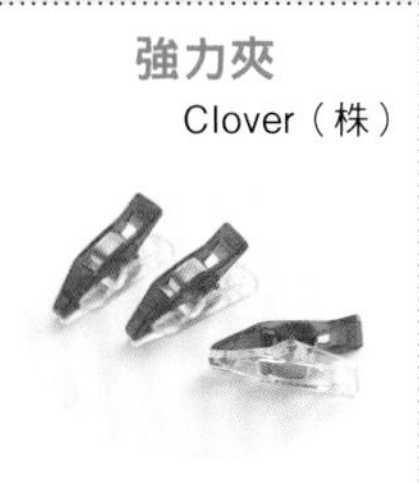

當厚布料難以使用珠針固定時，強力夾是相當方便的夾式道具。

＊製作內口袋A與內口袋B

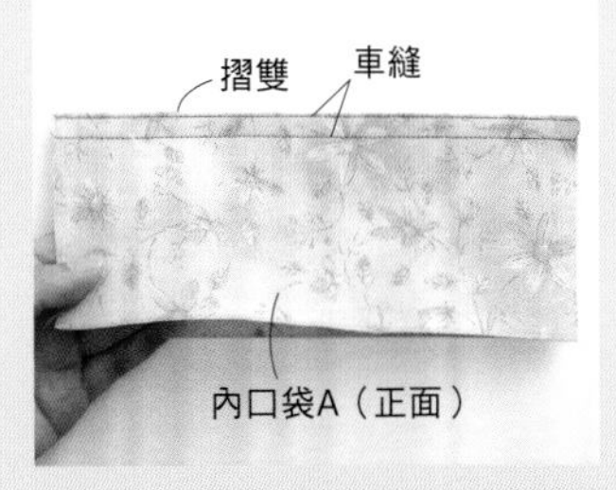

20 準備內口袋A用布，與13・14相同方法製作，同時，在邊側車縫2道固定線。

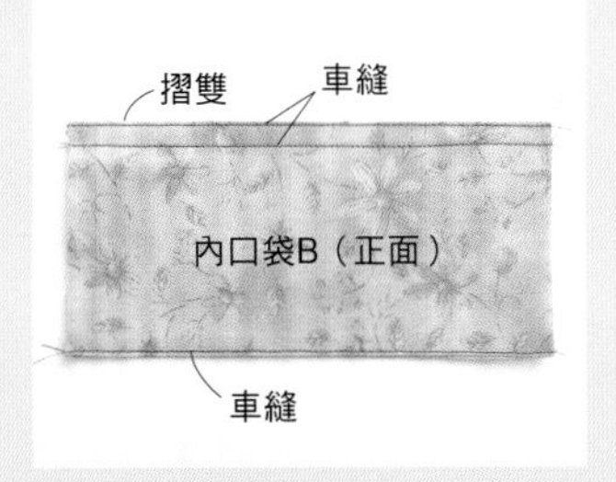

21 準備內口袋B用布，與A相同方法製作，並將內口袋下方車縫。

＊製作內口袋C

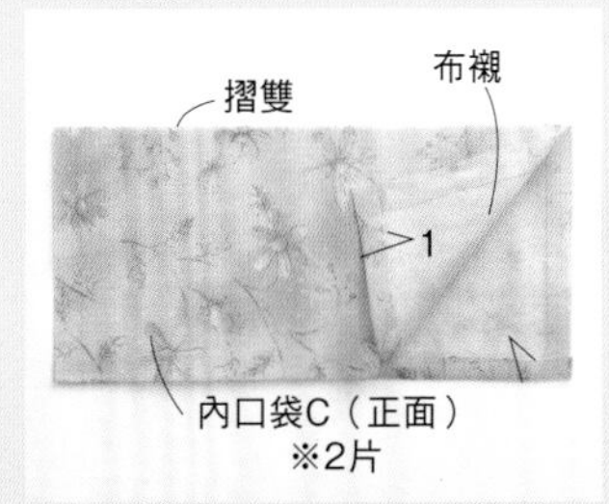

22 準備2片內口袋C的用布。與13相同。在內側燙上布襯，將上下的縫份往內側摺疊後，將背面重疊後對摺

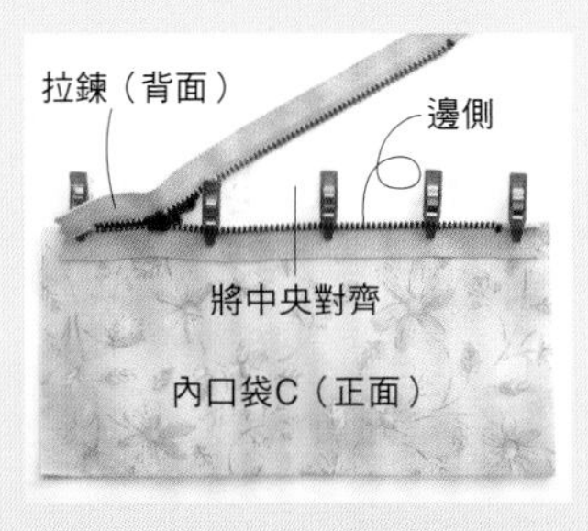

23 內口袋C的邊側將拉鍊正面重疊後暫時固定，同時，將拉鍊齒端與布端對齊。

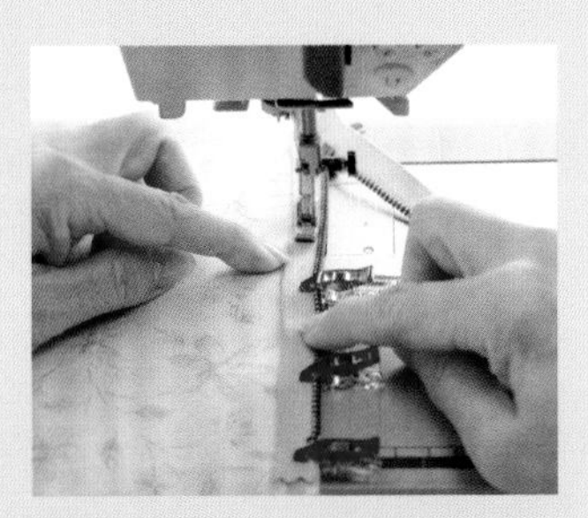

24 將縫紉機壓布腳換成單邊拉鍊壓布腳，將拉鍊齒部開始0.5㎝的位置車縫。

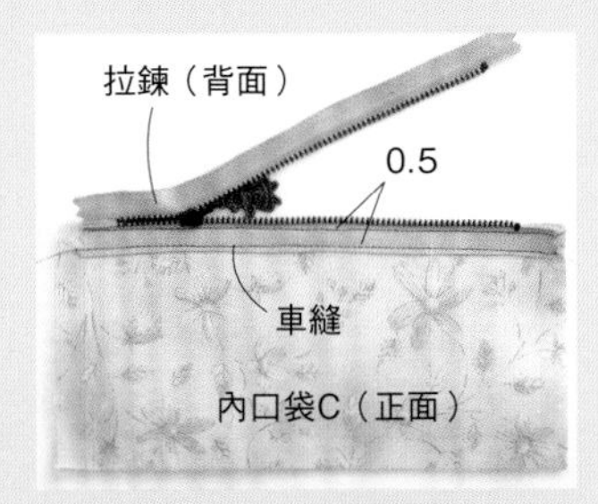

25 接續24，在縫合的位置0.5㎝下方車縫，將拉鍊邊端固定。

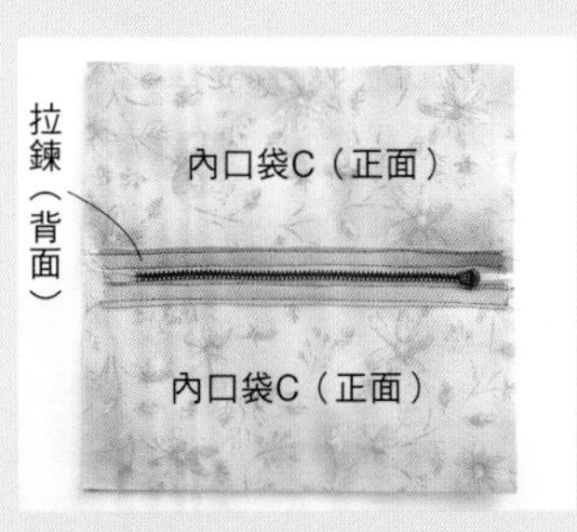

26 再將一個內口袋C以相同方法縫製在拉鍊的另一側。

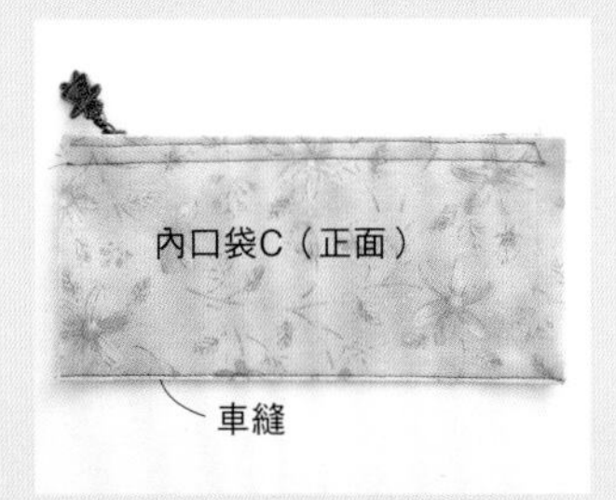

27 拉鍊朝內側將內口袋C、及內口袋下方車縫固定線。

＊隔間

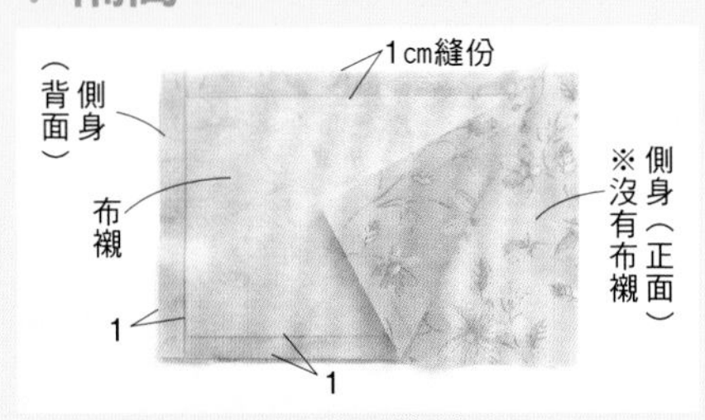

28 準備4片隔間側身用布，2片的內側燙上布襯，燙上布襯與沒有黏貼的成為一組，將正面疊合。

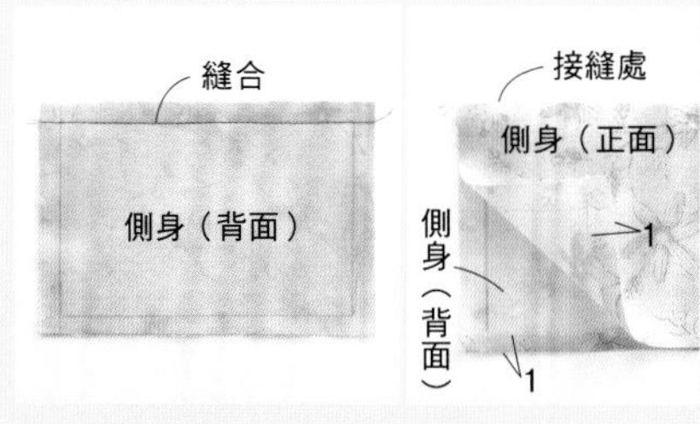

29 從上方縫合的接縫處翻回正面，下方的1㎝縫份往內側摺疊。

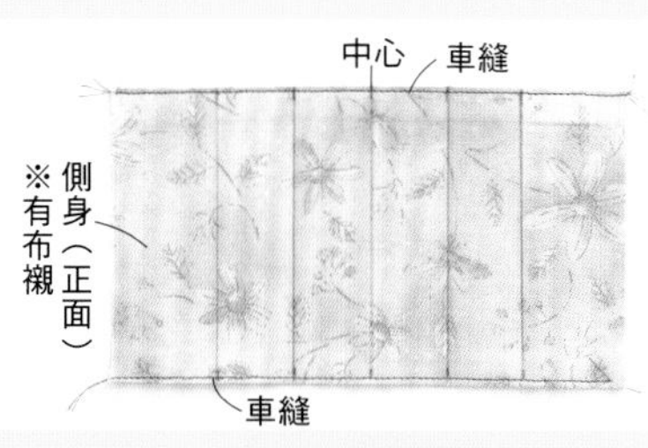

30 將下方車縫，畫上山摺與谷摺的記號，另一片的隔間側身依相同方式縫製。

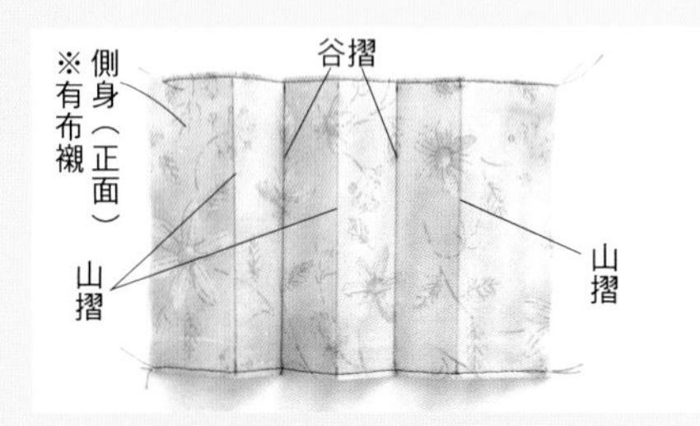

31 記號沿著左右的外側與中心為山摺，在這之間為谷摺，成為蛇腹的形狀，以熨斗確實地將摺線完成。

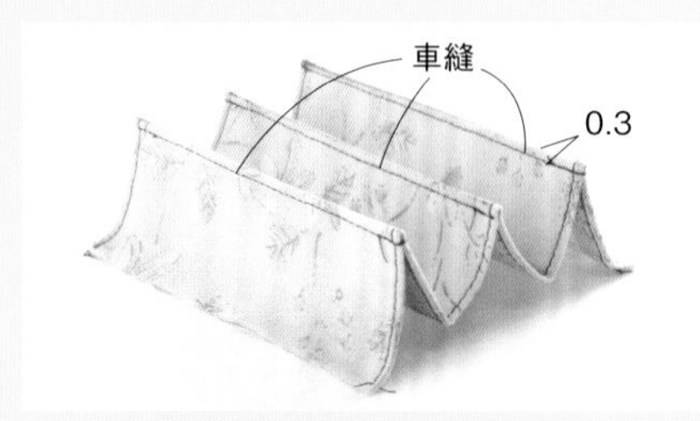

32 山摺完成的3個山摺各別捏住，在山摺開始0.3的位置車縫，另一片的隔間側身依相同方式縫製。

＊製作隔間內口袋

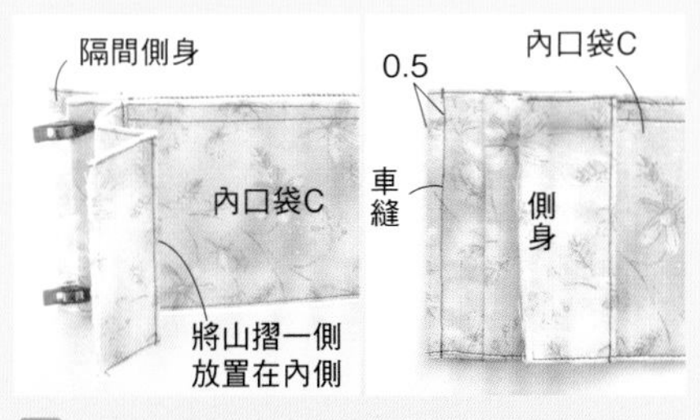

33 將隔間側身的谷摺往內口袋C的左邊深處塞入後暫時固定並車縫。
請避開隔間側身其他部分，不要縫合固定。

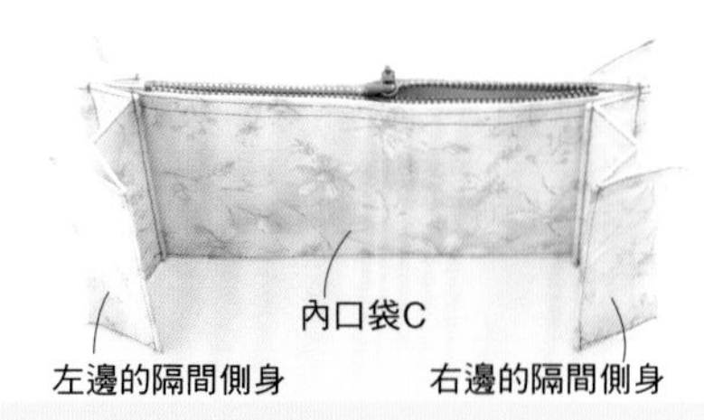

34 將另一片隔間側身的谷摺往內口袋C的右邊塞入後與33相同方式車縫。

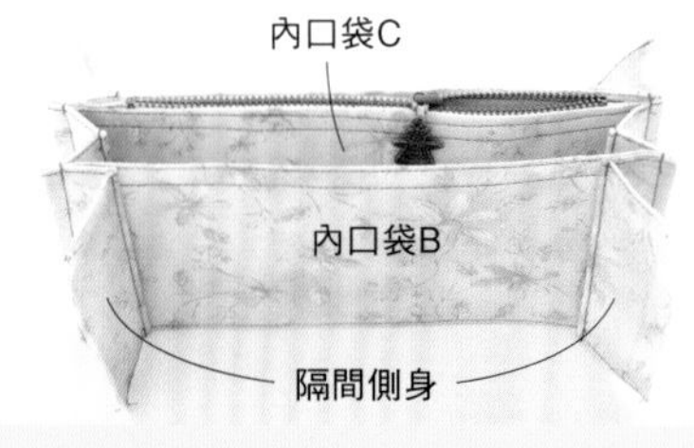

35 將左右的隔間側身、與前谷摺往內口袋B的兩端塞入，以相同方式車縫。

＊在表布將卡片夾與內口袋A、隔間內口袋固定上去。

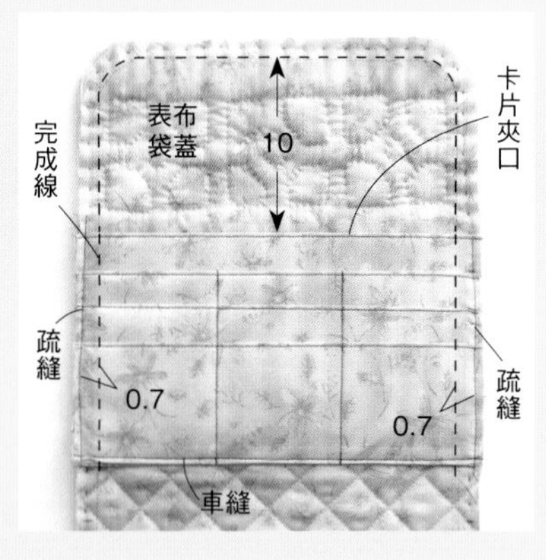

36 將卡片夾重疊在表布內側固定位置，將卡片夾底側車縫，完成線外側0.7㎝以車縫暫時固定。

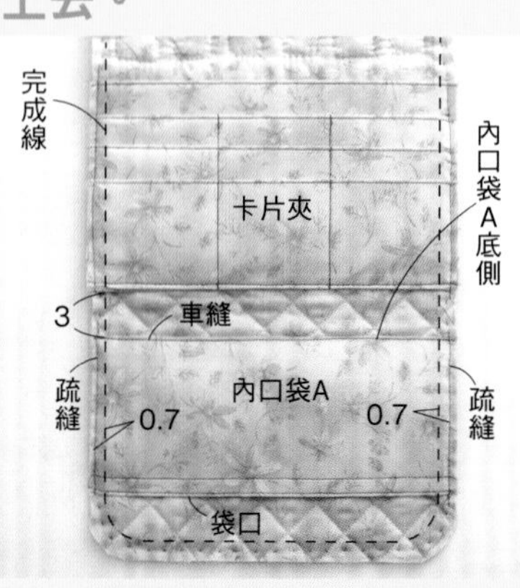

37 卡片夾底側下方3㎝將內口袋A重疊上去，將內口袋底側車縫，完成線外側0.7㎝以車縫暫時固定。

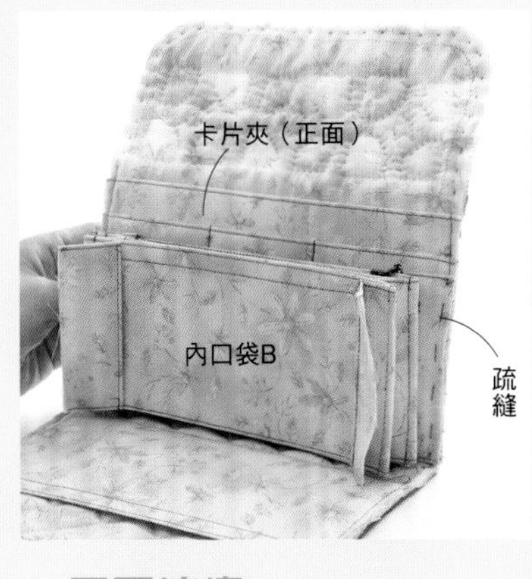

38 在卡片套上方將有隔間的內口袋對齊袋底的位置後覆蓋上去，右邊的隔間側身內側與表布縫份對齊後疏縫，左邊的隔間側身也依相同方式暫時固定。

39 將右側的隔間側身跟前一側，對齊內口袋A的袋口重疊後疏縫。

＊周圍滾邊

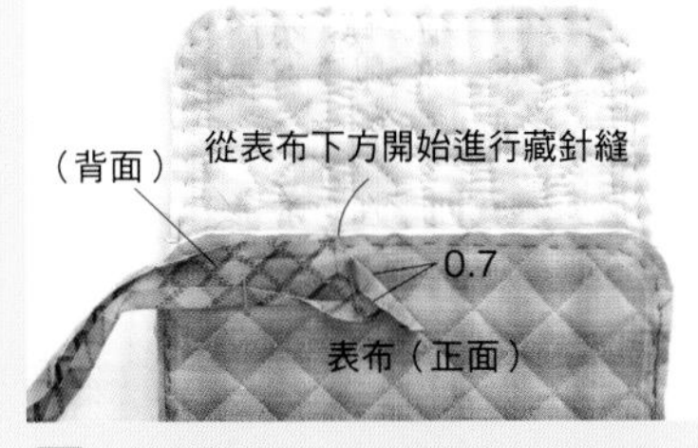

40 裁剪寬3.7cm滾邊布的內側畫上寬0.8cm縫線，布的邊端處內側摺0.7cm，表布下方開始將正面相對疊合。

41 一邊將滾邊布上描繪的縫線對齊表布的記號，一邊繞著疏縫，縫製結束重疊在縫製開始上0.7cm後裁掉。在記號上以手縫縫製。

42 將布邊翻回正面，將表布的縫份藏針縫。側身的部分，一邊塞入一邊進行藏針縫。

＊安裝金屬轉鎖

43 將轉鎖墊片緊靠在表布正面蓋袋上的固定位置，沿著內側的洞描繪上記號。

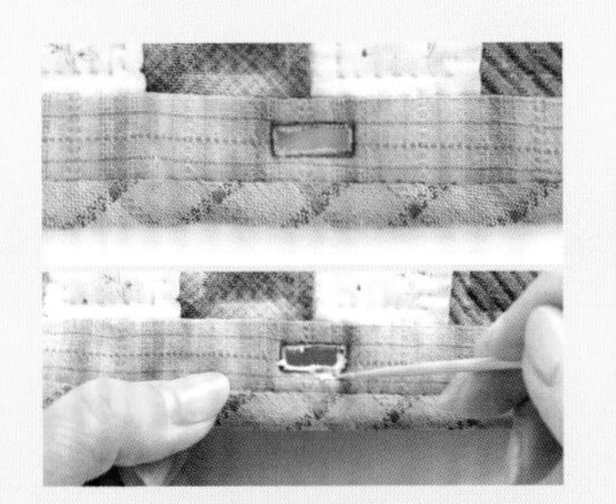

44 沿著記號車縫後，將內側挖洞，裁切端以竹籤沾上白膠黏著固定。

45 將金屬轉鎖塞入，內側重疊上墊片以扳手將金屬轉鎖的腳折彎，露出來的布以竹籤往內側壓入。

46 將袋蓋蓋上，沿著金屬轉鎖內側的洞描繪上金屬轉鎖的固定位置，將袋蓋打開，將墊片在固定位置上，畫上孔洞記號。

47 在記號的位置以木柄錐子打洞，將金屬轉鎖塞入，內側重疊上墊片以扳手將金屬轉鎖的腳折彎。

＊肩背帶固定完成方式

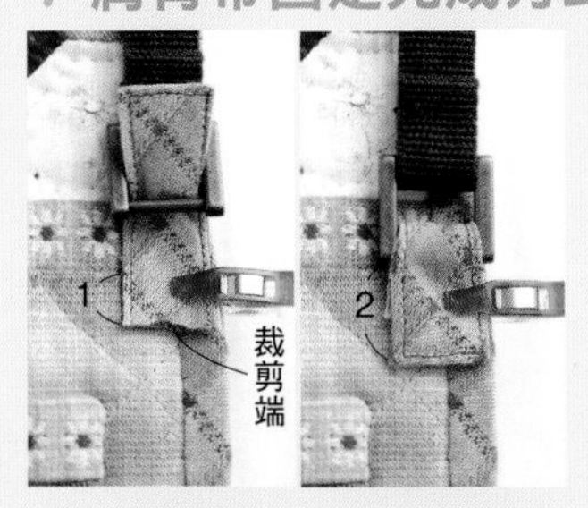

48 準備耳絆，重疊在表布後方的固定位置，穿過肩背帶的型環，將裁剪端摺疊後進行藏針縫。

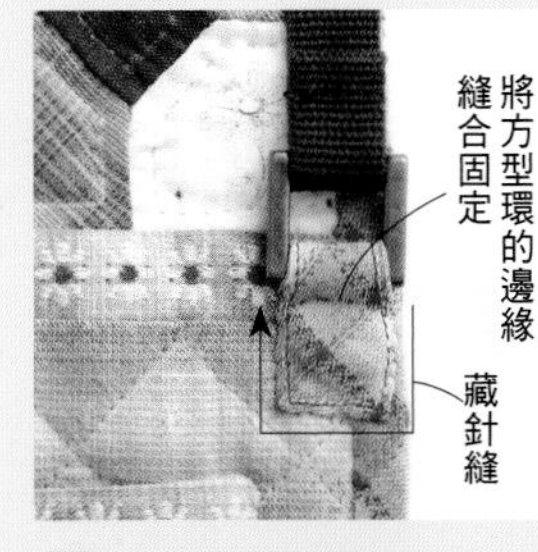

49 一邊將耳絆縫牢，一邊與表布進行藏針縫，將方型環的邊緣縫合固定，另一側相同縫法。

50 在袋蓋與內口袋的蝴蝶結圖案中心，將花型蕾絲以8字結粒繡縫合固定。

著重便利性的實用型手提包

將每日使用的手提包製作成各種不同的形狀。

8 方形束口大提包

開口較大的包款在袋口附有束口設計，在使用上很安全，兩側與後片附有內口袋，能夠立即將手機或各式卡片放入，相當地方便。

26×35cm 作法＊P.21

8 方形束口大提包

●材料

拼布用各色拼接用布　後片用布 55×35cm（包含側身內口袋用布、包釦）　側身用布 110×20cm　裡袋 110×50cm（包含內口袋裡布）　束口布 55×50cm　單膠拼布棉、裡布各 100×60cm　滾邊用寬5cm斜布條150cm　寬1.2cm花形蕾絲30個　0.5cm寬細繩200cm　直徑2cm包釦芯8個　包釦用拼布棉20×5cm　長60cm縫合固定式提把1組　紅色燭蕊段染線適量

●作法順序（相同）

製作與A連接的前片與內口袋的表布→前片・後片與側身的表布燙上拼布棉，將裡布疊合後壓線→參考P.24<口袋的縫法>將口袋縫製完成→側身口袋製作→後方將口袋、側身將側身口袋縫合固定→製作束口布→如圖縫製即完成。

●作法重點

○以燭蕊線繡8字結粒繡，繡法P.13。

○<作法>②將口袋與表布縫合前，將縫份內側縫合（P.41）。

○包釦的縫法P.8。

※A原寸紙型B面⑫，前片・後片與口袋原寸紙型B面⑭

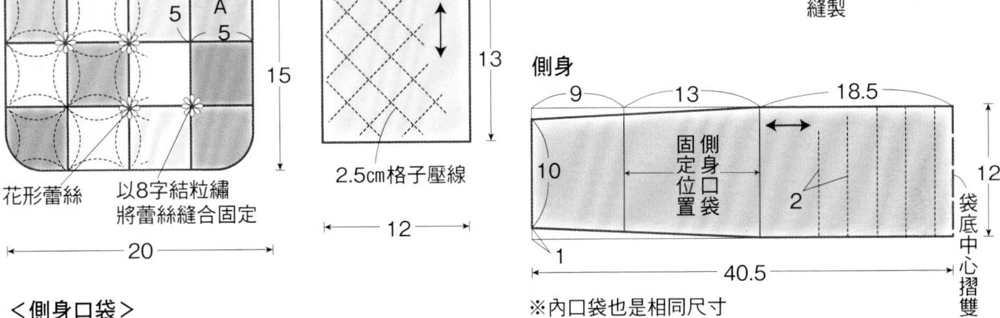

將束口布2片正面相對疊合兩個脇邊縫合固定至止縫點以車縫固定

於摺疊位置往背面摺疊將縫份摺疊塞入後車縫另一側也是以相同方式縫製

※後片與裡袋為相同尺寸的一塊布
※後片縫上2.5cm格子壓線

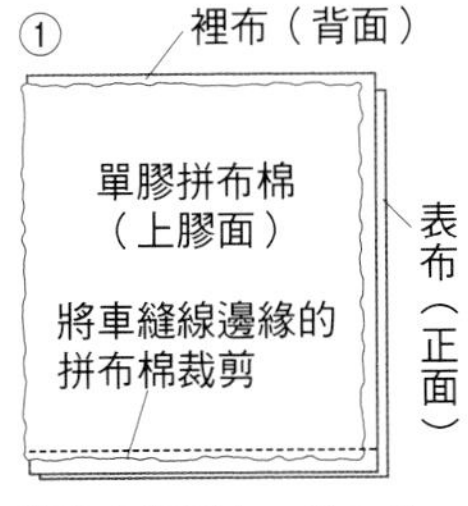

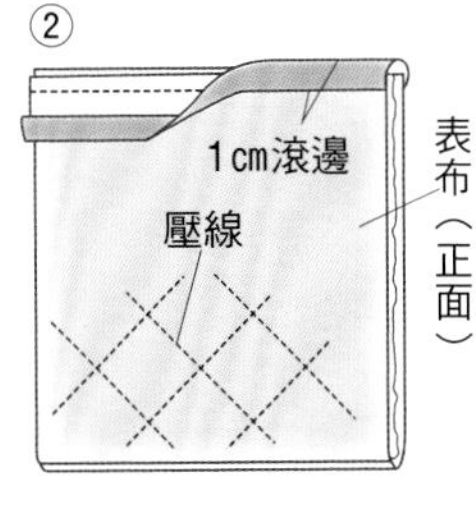

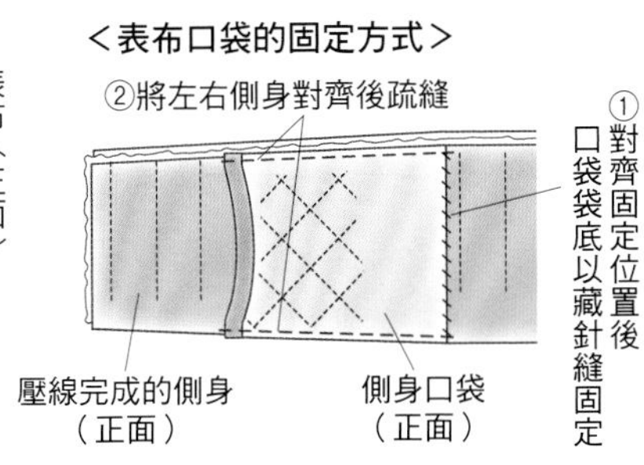

※內口袋也是相同尺寸

<側身口袋>

將表布與裡布、拼布棉如圖示進行藏針縫，將下方縫合固定。

翻回正面後縫上壓線，將袋口滾邊。

<表布口袋的固定方式>

<作法>

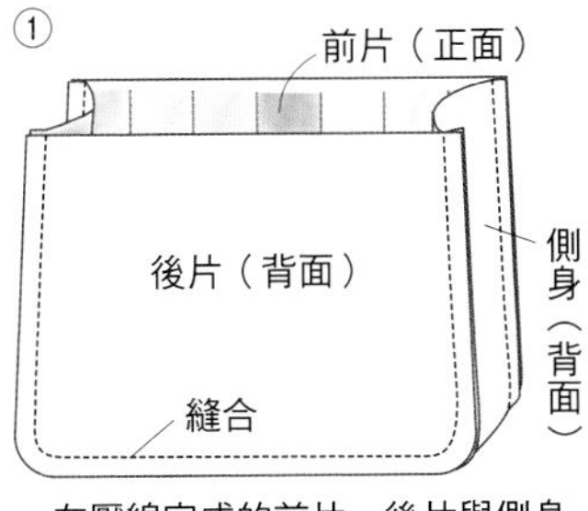

在壓線完成的前片・後片與側身的正面相對疊合縫合固定。
※裡袋也是相同縫法

將表布與裡袋背面重疊在一起裡袋一側將束口布重疊後疏縫將袋口滾邊

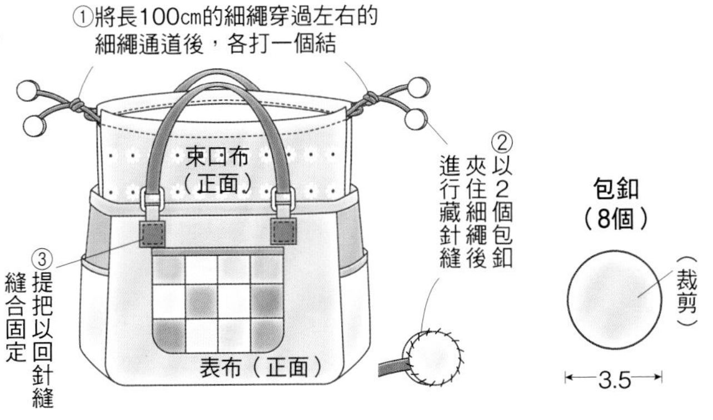

9・10 單片拼布大提包

可以輕鬆放入A4筆記本或書籍的尺寸，
後方附有一個大口袋，B5的筆記本也能夠放入。

39.5×35cm 作法＊P.24

11 逛街購物方便攜帶的手拿包

手拿包是以各式拼接用布縫製引人注目的「野雁」拼布圖形設計，
尺寸是剛好可放入錢包、手機及鑰匙。

21.5×18cm　作法＊P.25

●材料

共同　拼布用各色拼接用布

10　後片用布40×45cm　側身用布110×10cm　B用布110×50cm（包含口袋裡布、襯布）　單膠拼布棉、裡布各100×110cm　滾邊用寬3.7cm斜布條120cm　寬1.2cm花形蕾絲48個　長60cm縫合固定式提把1組　粉紅色燭蕊線適量

9　後片用布40×55cm（包含C布）　口袋用布110×40cm（包含口袋裡布、襯布）　單膠拼布棉、裡布各90×65cm　滾邊用寬3.7cm斜布條100cm　長60cm縫合固定式提把1組

●作法順序（共同）

製作前片・後片的表布→前片・後片與側身（9沒有）燙上拼布棉，將裡布疊上後壓線→製作口袋，縫合固定在後片→將前片・後片與側身（9沒有）縫合固定→如圖縫製即完成。

●作法重點

○No.9的<作法>①縫製摺角時，將前片與後片對齊縫合。裡袋也是以相同方式縫製。

○<口袋的縫法>①翻回正面後，以熨斗將拼布棉燙貼完成，縫上壓線印記。

○<作法>②將裡袋與表布縫合前，將縫份內側縫合（P.41）。

○ 8字結粒繡的繡法P.13。

※No.10的A、摺角原寸紙型B面⑫，No.9的摺角，口袋原寸紙型B面⑬。

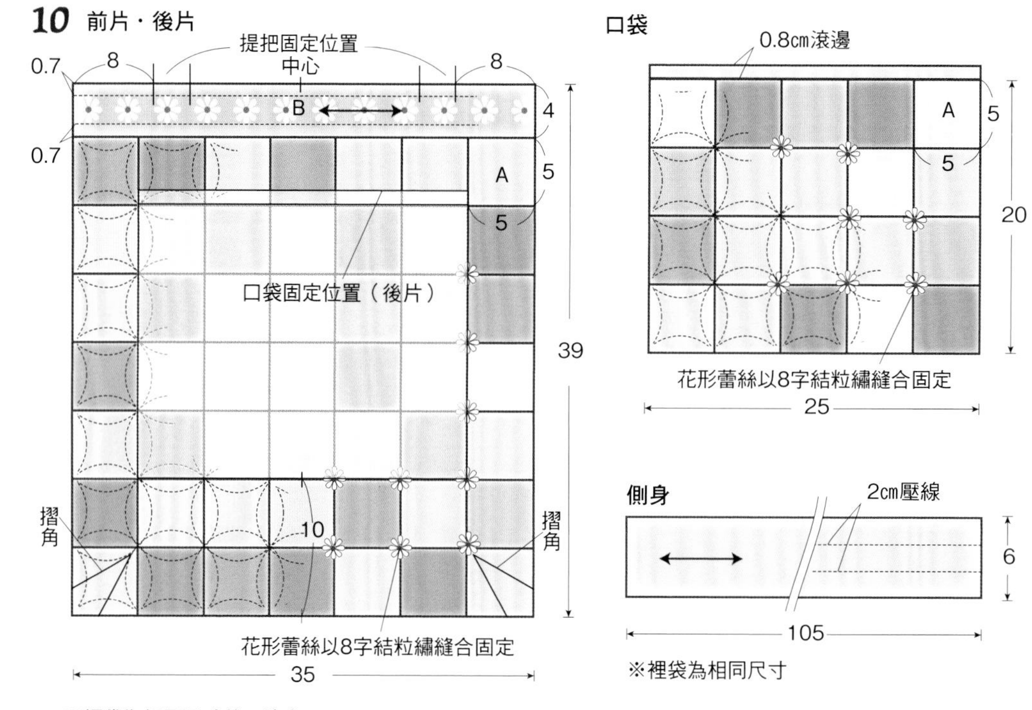

※裡袋為相同尺寸的一塊布

※後片為A布片拼縫完成的一塊布料後，與B縫合，並縫上2.5cm格子壓線

<口袋>

※**9**、**10**作法相同

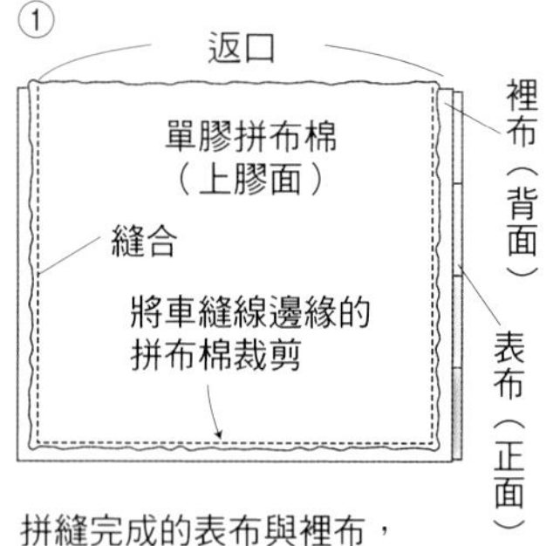

拼縫完成的表布與裡布，將拼布棉如圖示重疊上去，預留返口後縫合，翻回正面。

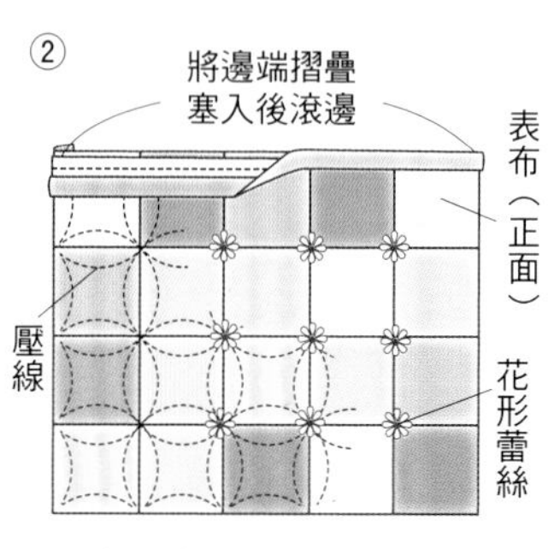

縫上壓線，將袋口滾邊以刺繡固定花形蕾絲

<作法>　※**9**、**10**作法相同

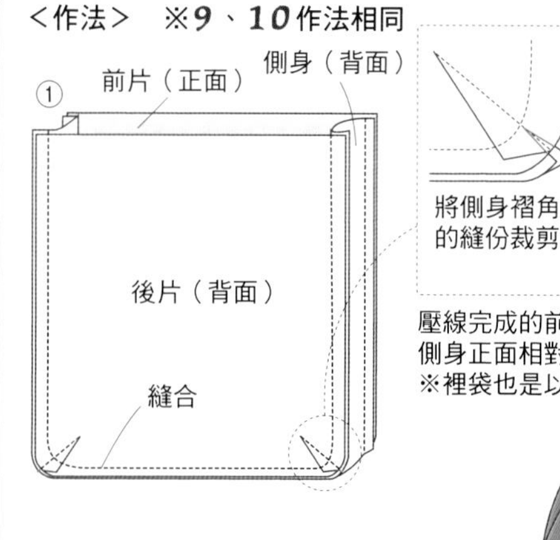

壓線完成的前片・後片與側身正面相對疊合縫合固定。

※裡袋也是以相同方式縫製

檔布（4片）

※**9**、**10**作法相同

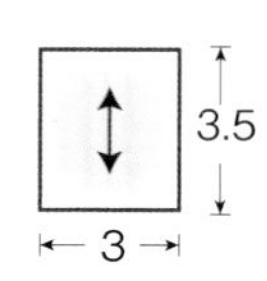

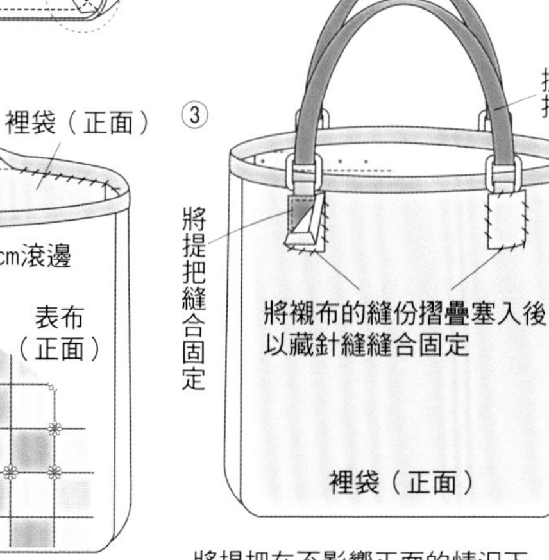

表布與裡袋背面相對疊合
將袋口滾邊

將提把在不影響正面的情況下
縫合固定在裡袋側，
上方襠布以藏針縫縫合，隱藏車縫線。

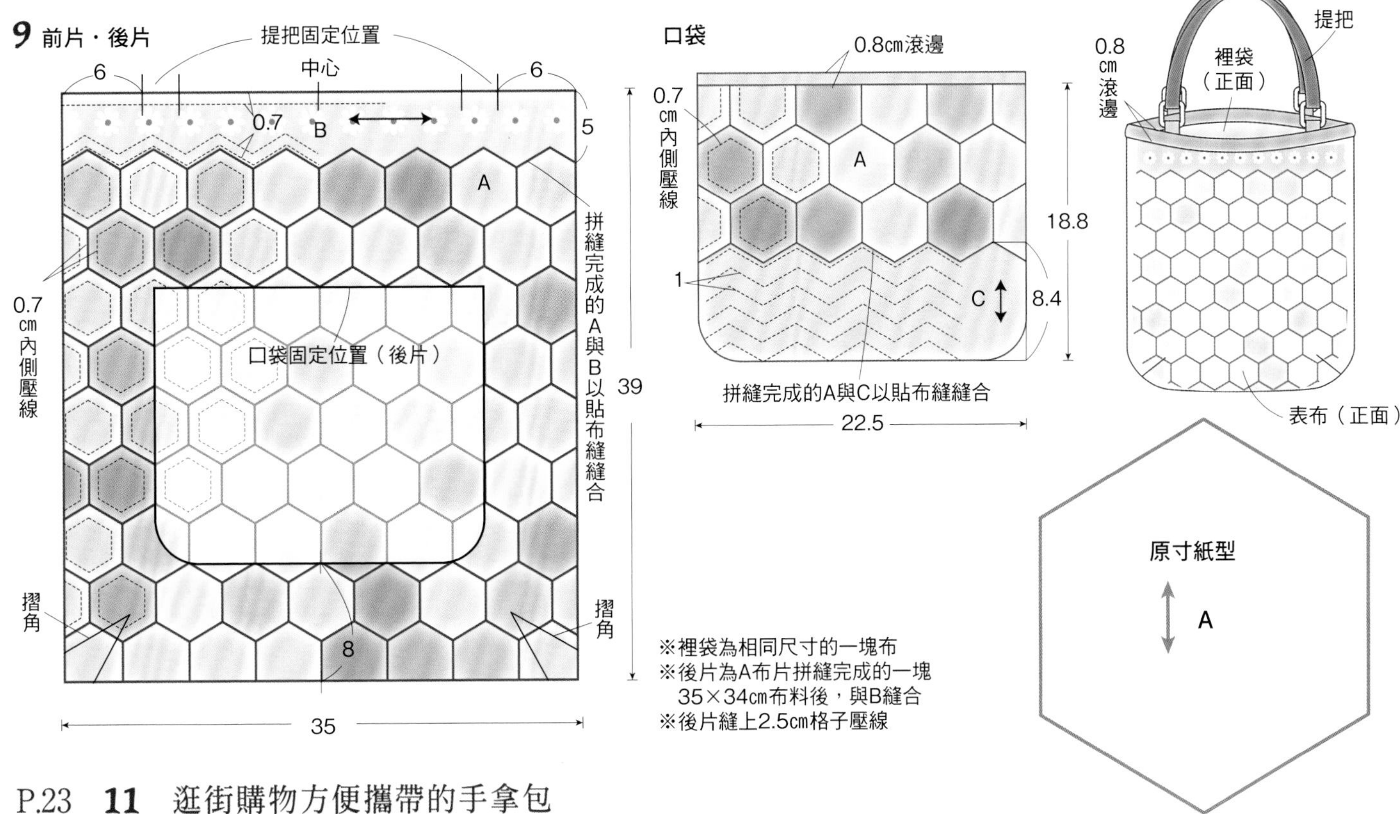

P.23　11　逛街購物方便攜帶的手拿包

●材料

A布各式拼接用布　B用布30×20cm　C用布25×15cm　D用布20×20cm　後片用布35×35cm（包含側身）　提把用布40×35m　單膠拼布棉、裡布、裡袋用布各60×30cm　滾邊用寬3.7cm斜布條50cm

●作法順序（共同）

製作拼縫前的表布→前片・後片與側身燙上拼布棉→將2個側身與袋底縫合固定→將前片・後片與側身縫合固定→裡袋與表布以相同方式縫製→表布與裡袋背面相對疊合，將袋口滾邊→製作提把，縫合固定。

●作法重點

○除了提把固定方式以外，作法與10相同，P.24<作法>①至②。

※摺角及提把原寸紙型B面⑪

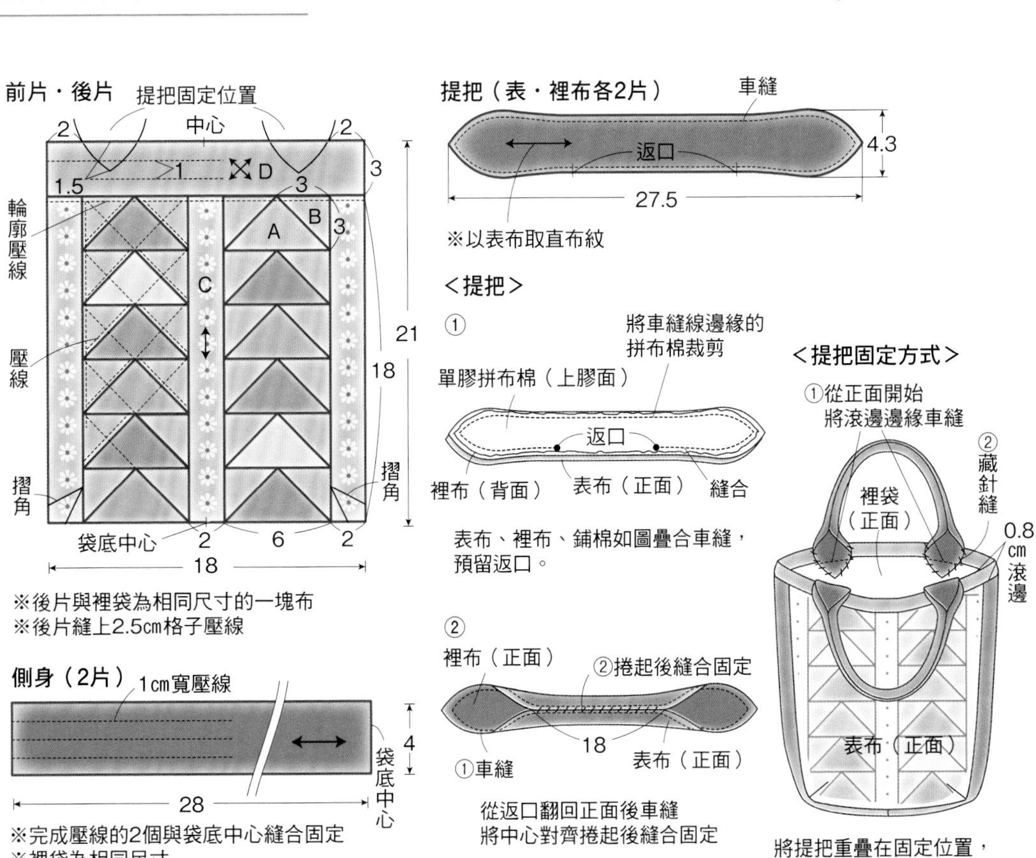

12 可以靈活運用的三用包

表面的拉鍊口袋部分以橫長的「八角形」拼布圖型加上花朵貼布縫縫製，充滿了年輕女孩的青春氛圍。

34×26cm 作法＊P.28

變換提把的位置，就有不同的包款造型，從後背包瞬間變成肩背包。

將2個提把連接成1條，就能夠作為斜背包使用。

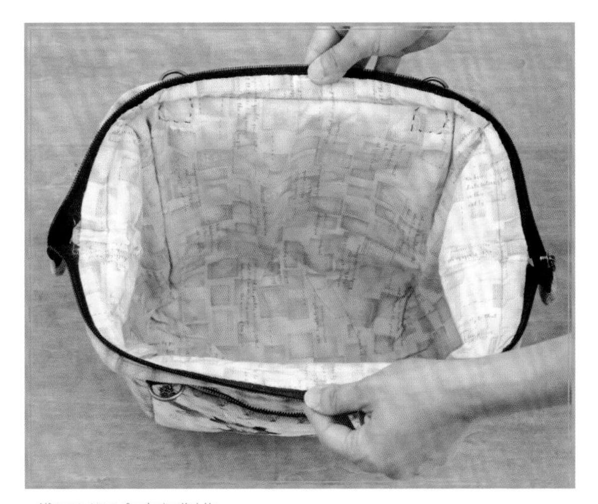

袋口以口金支架製作，
就能將袋口張得很大方便取物。

想作為背包使用時，提把的固定方式。

P.26　12　三用包

●材料

各色貼布縫用布　拼布用布 10種各15×15cm　後片用布 110×60cm（包含側身、摺邊、耳絆、包釦）　單膠拼布棉、裡布各 100×60cm　口袋用布 110×55cm（包含口袋裡布）　長25cm、60cm拉鍊各1條　滾邊用寬3.7cm斜布條30cm　30×10cm口金支架1組　內徑2cm D型環2個　直徑2.4cm包釦芯4個　包釦用拼布棉20×5cm　長61cm附有活動鉤的提把 1條　縫合固定型的提把連接附件4個　米白色燭蕊線適量

●作法順序（共同）

將A至D縫合，縫製有貼布縫的表布口袋→燙上拼布棉，將裡布疊上後壓線→以相同方式縫製側身→縫製口袋，將拉鍊縫合固定→如圖縫製即完成。

●作法重點

○<口袋的縫法>②翻回正面後，以熨斗將拼布棉燙貼完成，壓線。

○8字結粒繡的繡法P.13，星止縫的縫法P.80。

○<作法>②將裡袋與表布縫合前，將縫份內側縫合（P.41）。

○包釦的縫法P.8。

※A至D與側身原寸紙型及表布口袋的貼布縫圖案原寸紙型A面⑩

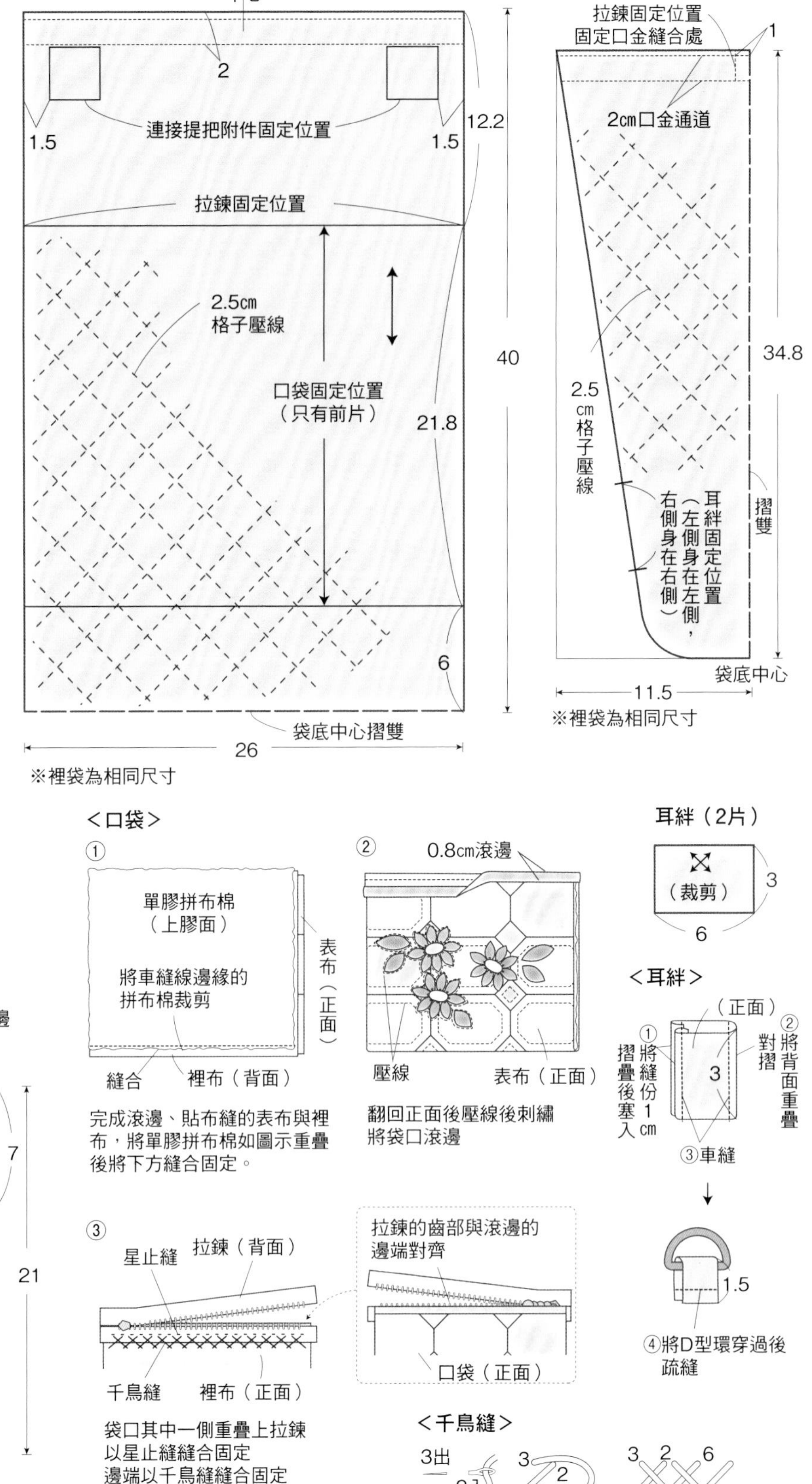

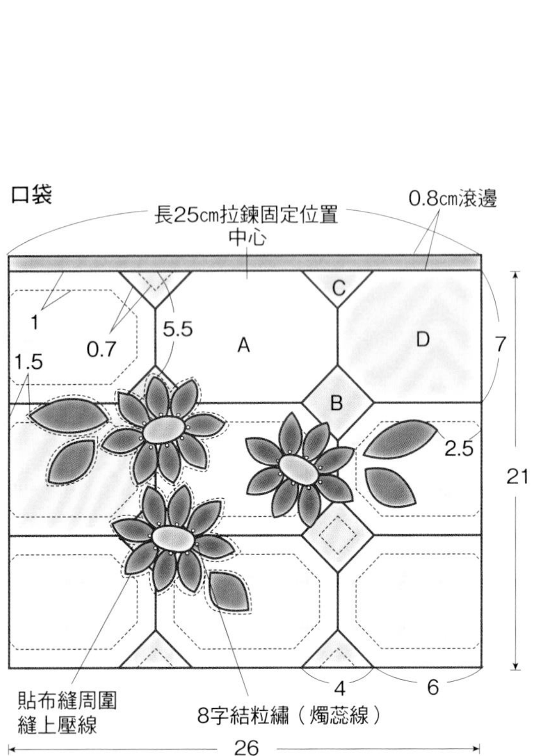

耳絆布（4片）

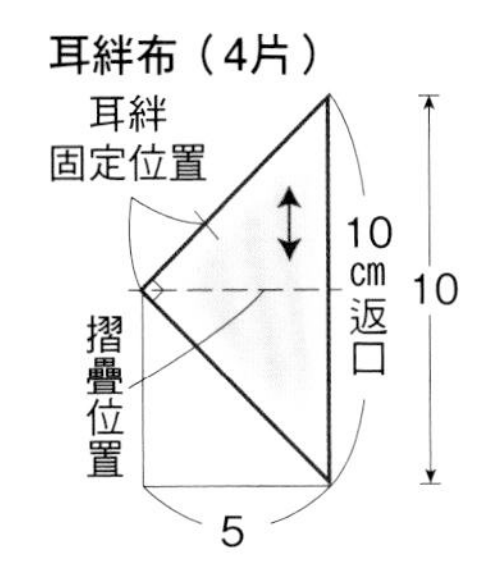

＜耳絆＞

①

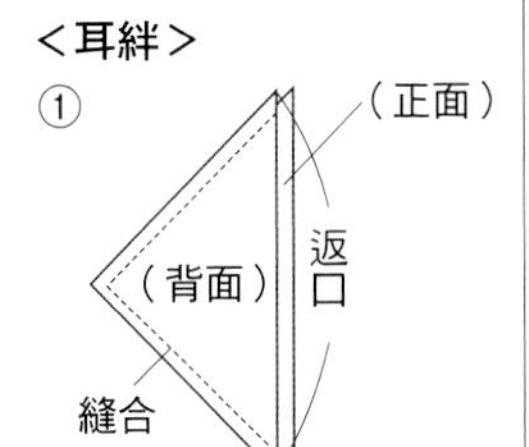

將2片正面相對疊合縫合
固定從返口翻回正面

②

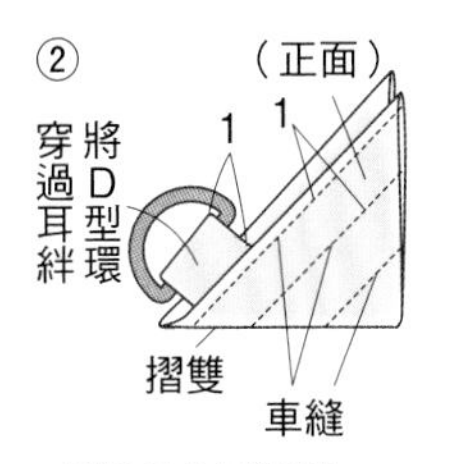

於摺疊位置對摺，
夾住耳絆後車縫

③

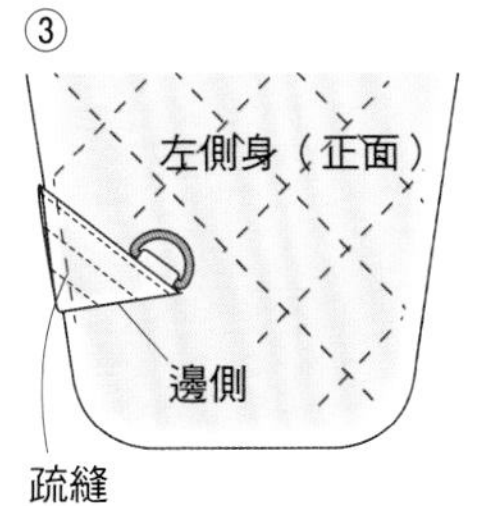

在壓線後的側身疏縫
※右側側身固定在右

包釦
（4個）

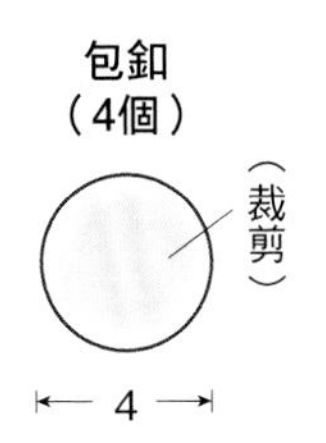

＜作法＞

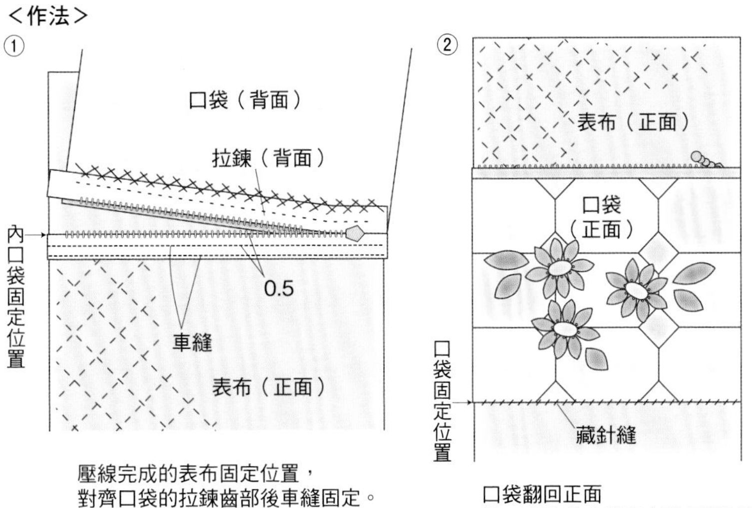

① 壓線完成的表布固定位置，
對齊口袋的拉鍊齒部後車縫固定。

② 口袋翻回正面
將口袋的袋底與表布進行藏針縫

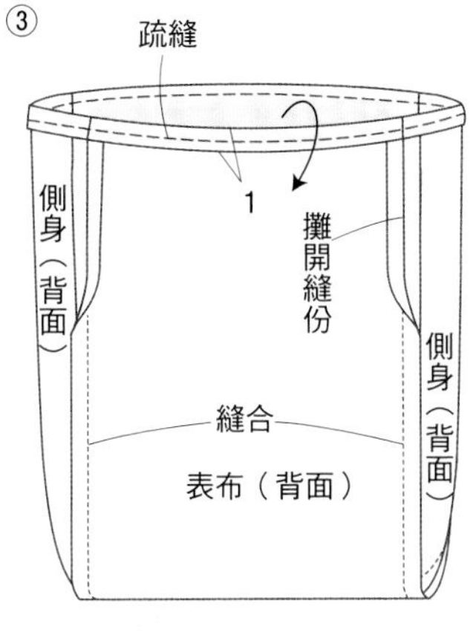

③ 表布與側身將正面相對疊合縫合固定，
將袋口的縫份往內側摺疊後疏縫。
※裡袋也是以相同縫法完成。

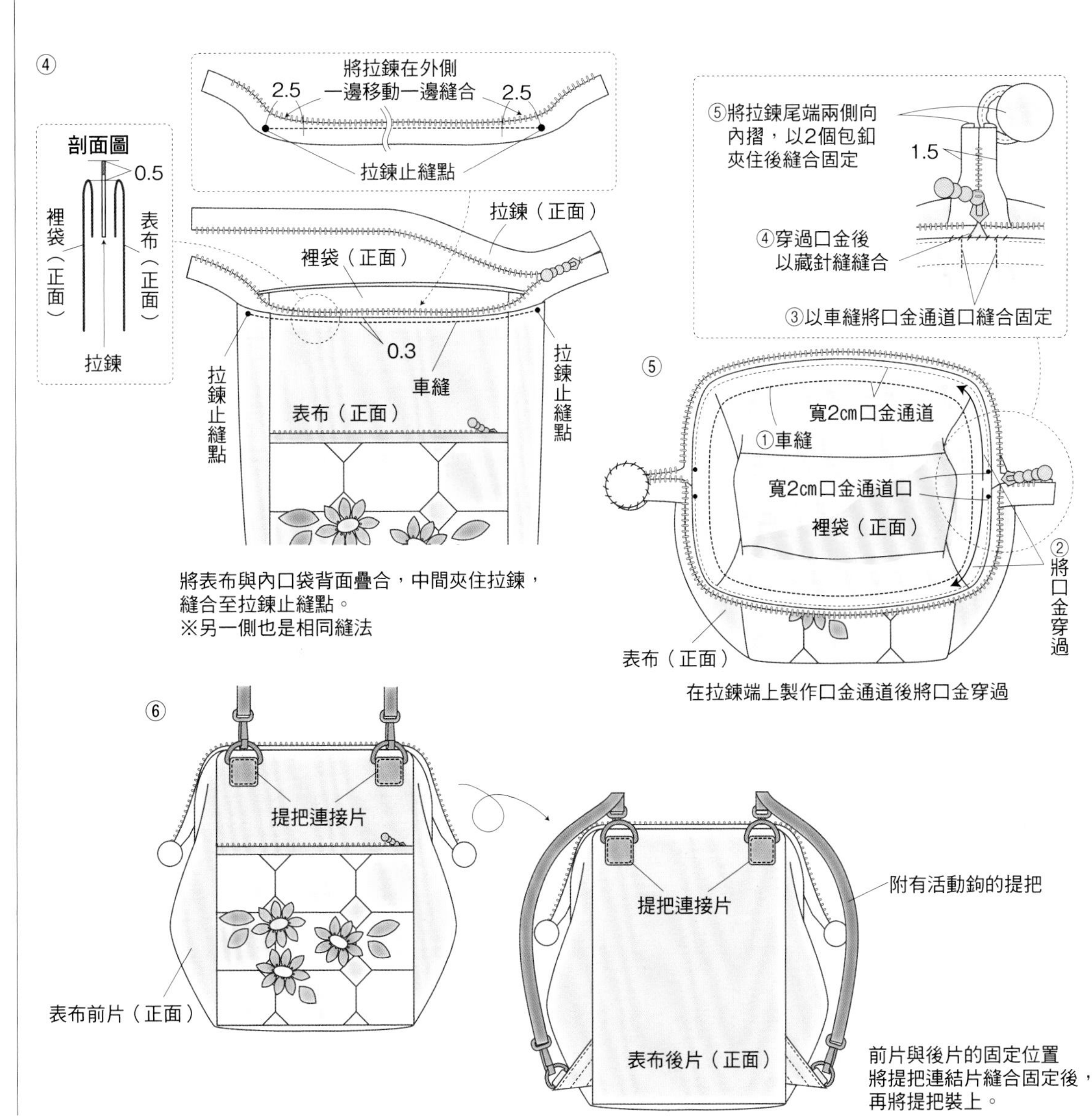

④ 將表布與內口袋背面疊合，中間夾住拉鍊，
縫合至拉鍊止縫點。
※另一側也是相同縫法

⑤ 在拉鍊端上製作口金通道後將口金穿過

⑥ 前片與後片的固定位置
將提把連結片縫合固定後，
再將提把裝上。

13 附有手機袋的小型斜背包

將正方形圖案拼接成橫長形四角以「蜜蜂」圖案作裝飾，後片附有透明口袋，
放入手機後能夠直接操作，相當便利！

13.5×22cm　作法＊P.31

13

13 附有手機袋的小型斜背包

●材料

拼布、貼布縫、包釦用各式拼接用布　後片用布55×30cm（包含B、C、側身）　口袋用透明塑膠布25×15cm　袋口用布35×5cm（包含繩圈）　滾邊用寬3.7cm斜布條60cm　單膠拼布棉、裡布、口袋各60×30cm長25cm拉鍊1條　直徑2.4cm包釦芯2個　包釦用拼布棉10×5cm長75至140cm附有口型環的肩背帶1條

●作法順序

縫製與A至D縫合的前片表布、縫上貼布縫→將前片．後片與側身燙上拼布棉，將裡布疊合後縫上壓線→縫製口袋→如圖縫製即完成。

●作法重點

◯＜作法＞②裡袋與表布縫合前，將縫份內側縫合（P.41）。

◯包釦的縫法P.8。

※前片．後片與口袋、側身原寸紙型B面②

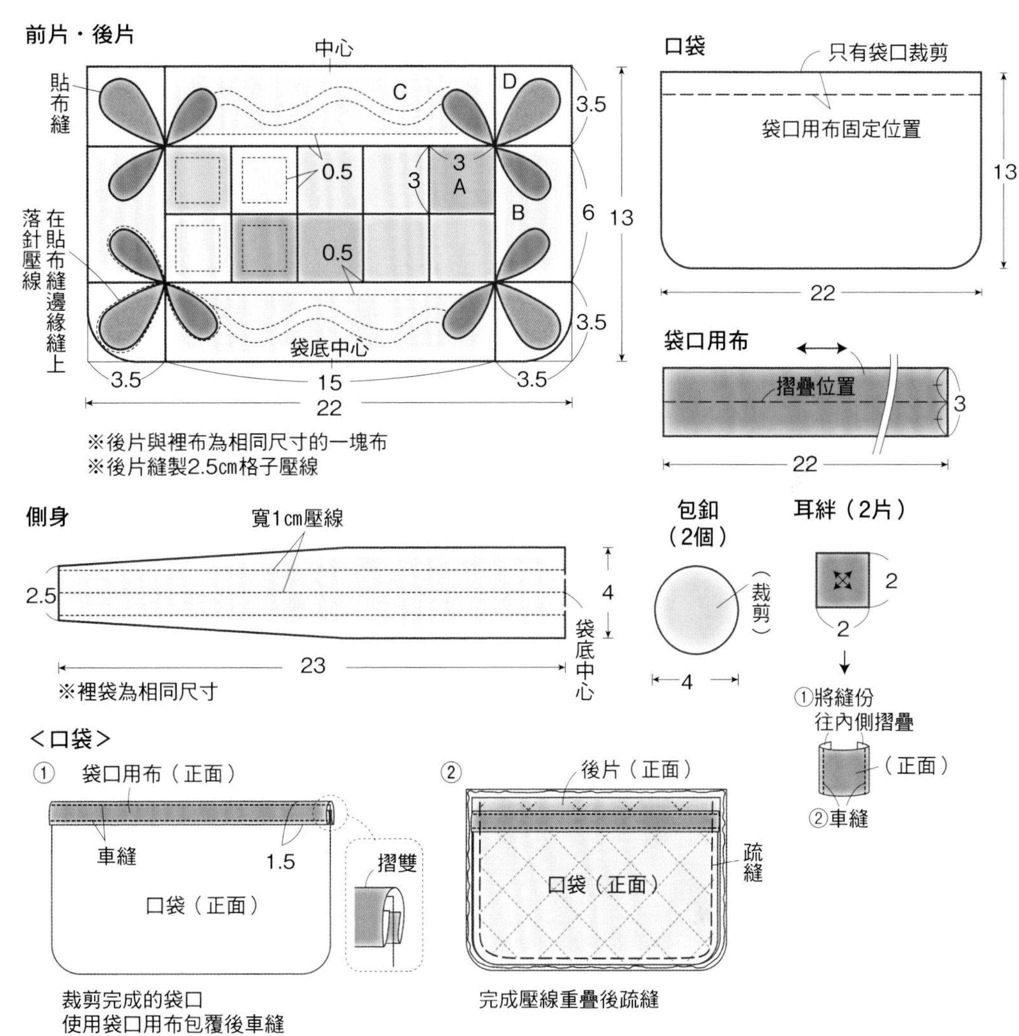

＜作法＞

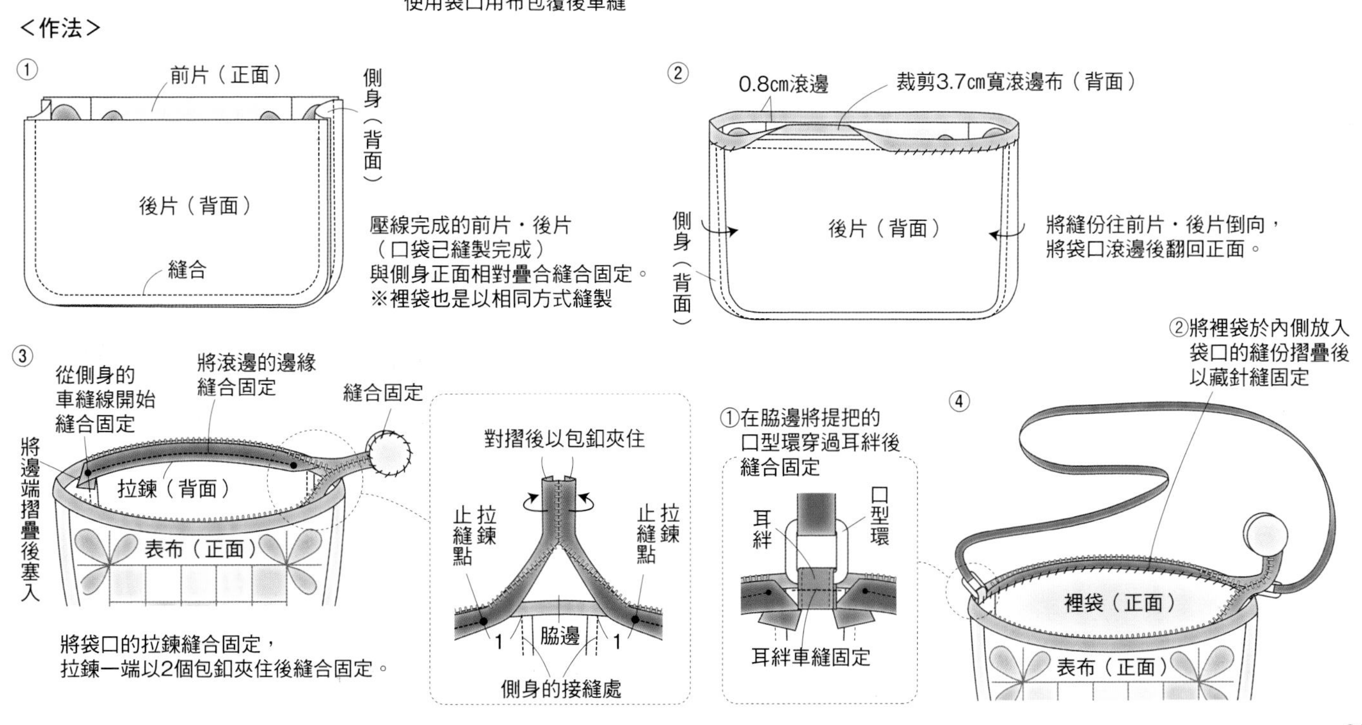

時尚拼布包

14 打褶包

表布的上方中心有縫褶設計，下方左右的摺邊設計，讓包包呈現立體蓬褶的效果，優雅的先染色系與格子十分相襯。

26.5×40cm 作法＊P.34

14

15

15 時尚包

直式的表布與直式的側身成為俐落的線條感，
袋口的拉鍊可以拉到曲線下方。

32.5×26cm　作法＊P.35

●材料

各色貼布縫用布　前片用布90×35cm（包含後片）　側身用布90×10cm　單膠拼布棉、裡布、內口袋各90×45cm　滾邊用寬3.7cm斜布條130cm（包含耳絆）　1cm寬蕾絲80cm　長34cm皮革提把1組　褐色繡線、米白色燭蕊線、深褐色燭蕊線各適量

●作法順序（相同）

縫製A至D縫合前的表布、縫上貼布縫→將前片・後片與側身燙上拼布棉，將裡布疊上後壓線→縫製內口袋→如圖縫製即完成。

●作法重點

○<作法>③裡袋與表布縫合前，將縫份內側縫合（P.41）。

○繡法P.13。

※前片・後片原寸紙型A面⑰

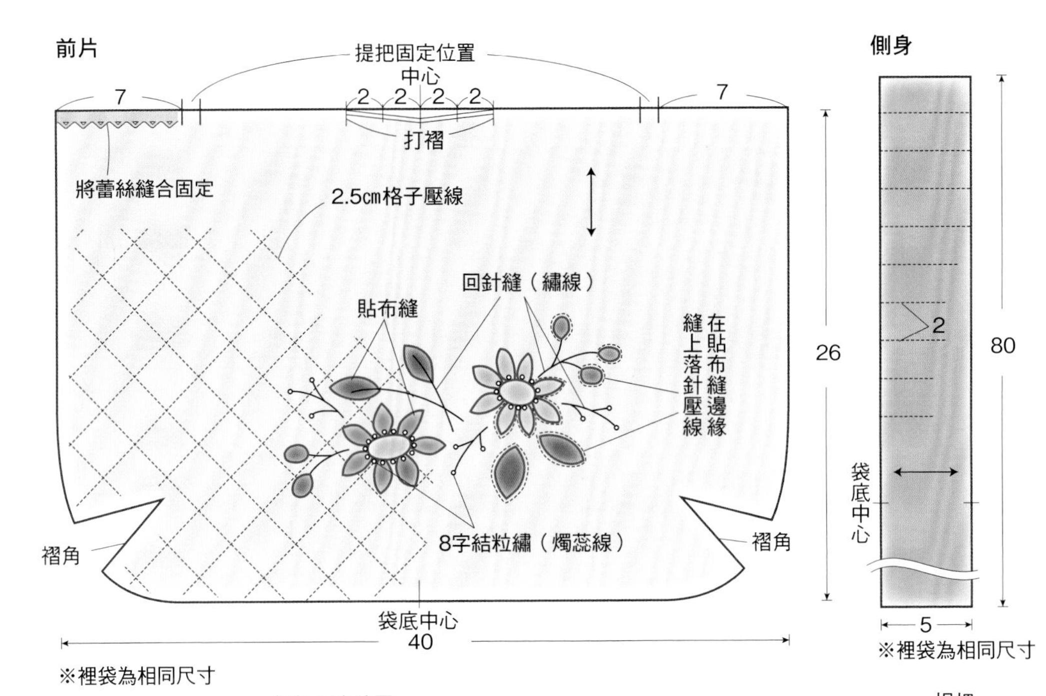

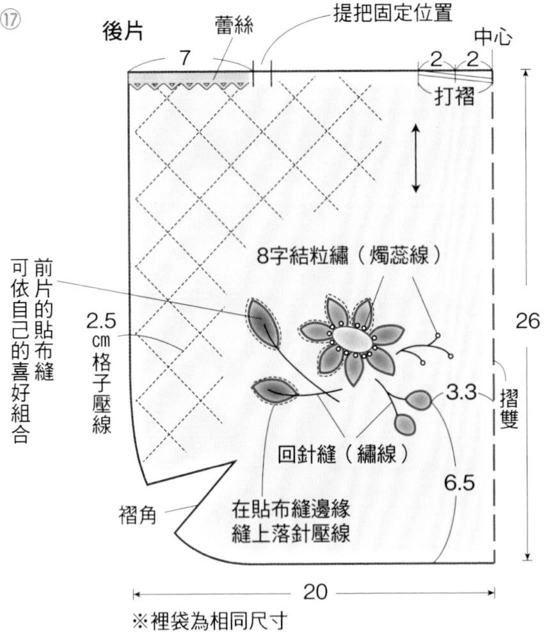

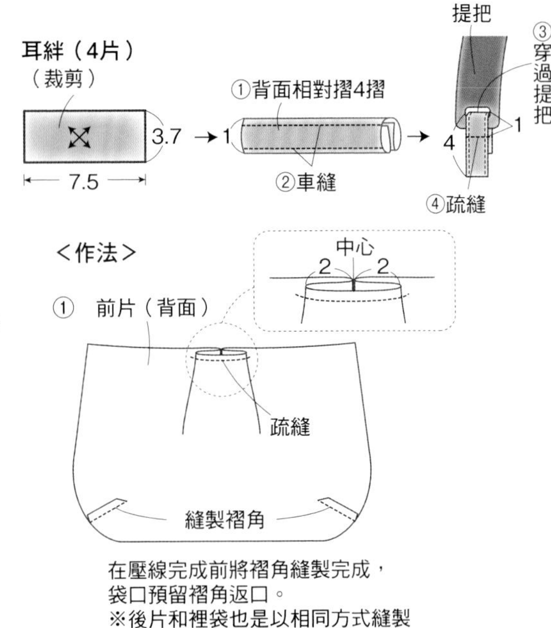

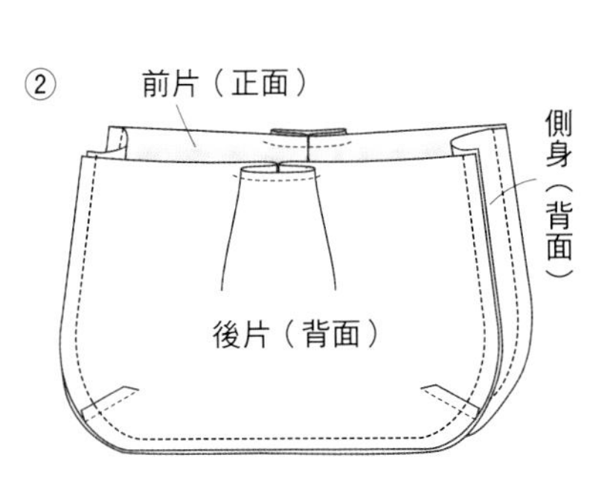

前片與後片將側身對齊後縫合固定
※裡袋也是以相同方式縫製

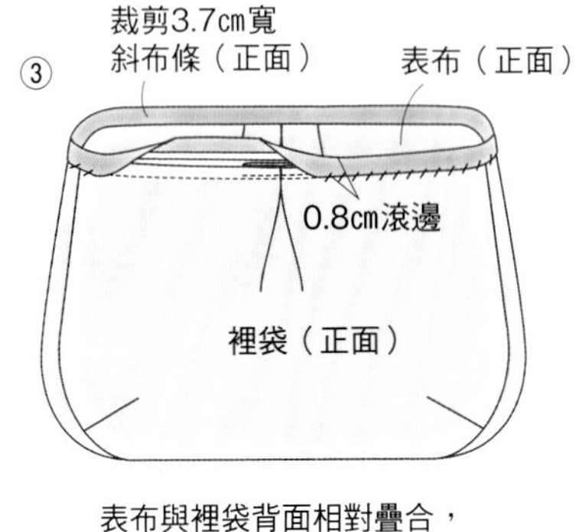

表布與裡袋背面相對疊合，
將袋口滾邊，翻回正面。

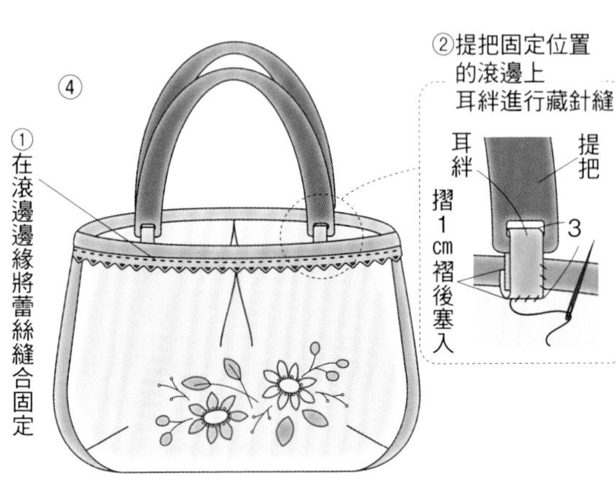

P.33 15 時尚包

●材料

B用各式拼接用布　A用布20×15cm　C至G用布30×30cm　表布用布 45×80cm（包含側身）　單膠拼布棉、裡布各70×80cm　滾邊用寬3.7cm斜布條230cm　長35cm、20cm拉鍊各1條　直徑2.4cm包釦芯2個　包釦用拼布棉10×5cm　長41cm縫合固定式皮革提把1組

●作法順序

製作A至G拼縫口袋的表布→表布一側身的表布燙上拼布棉，將裡布疊上後壓線→縫製口袋，將拉鍊縫合固定→如圖縫製即完成。

●作法重點

◯口袋的作法與拉鍊的縫合固定方式在P.28＜口袋的縫法＞，包釦的縫法P.8，星止縫的方式P.80。

※表布與側身、口袋原寸紙型B面⑯

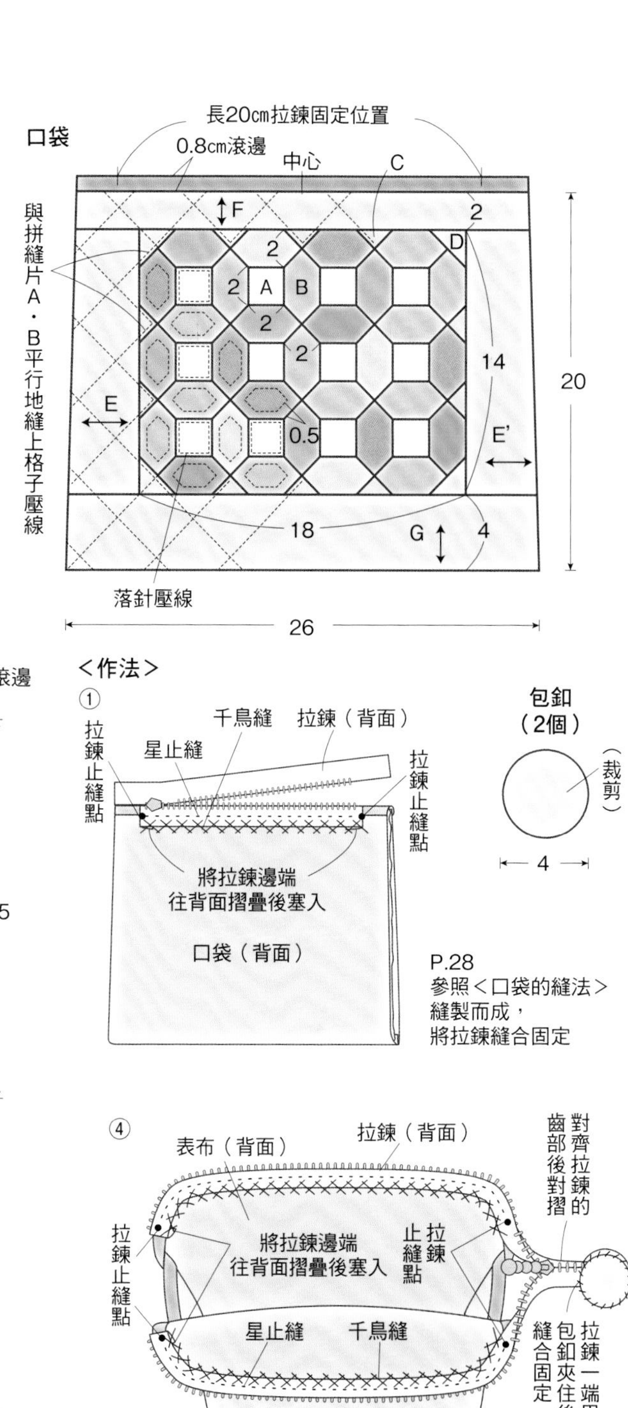

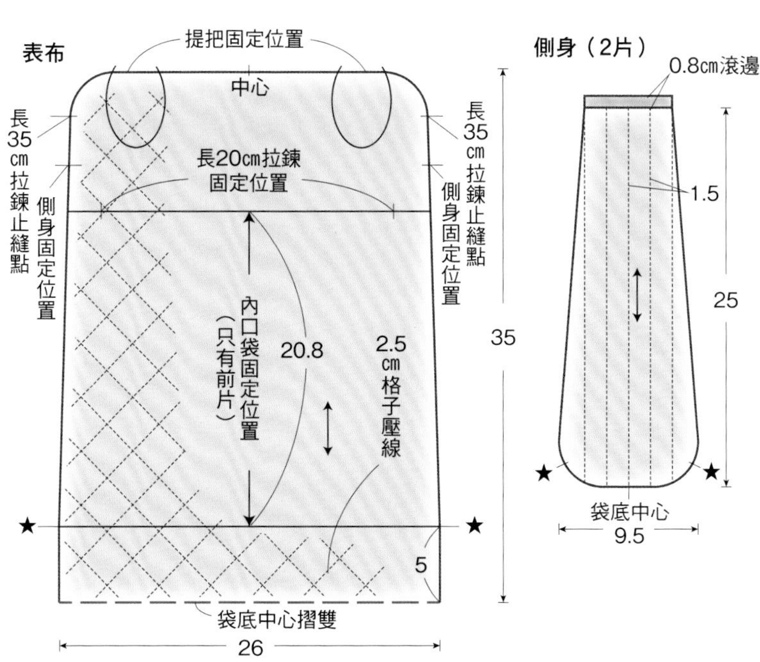

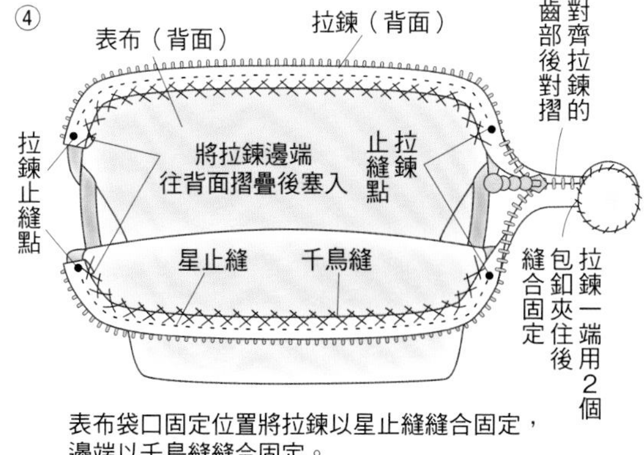

表布袋口固定位置將拉鍊以星止縫縫合固定，邊端以千鳥縫縫合固定。

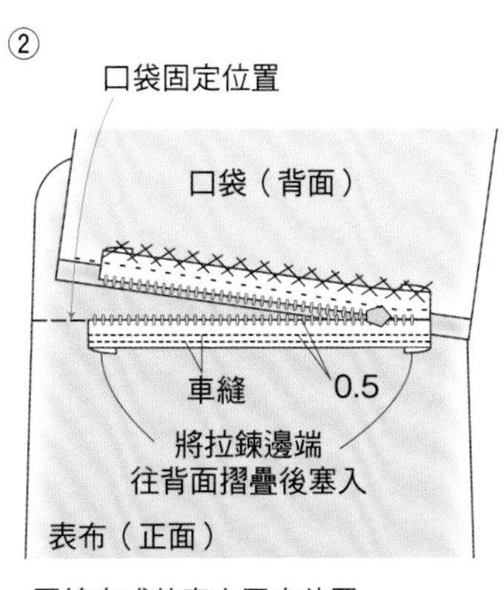

壓線完成的表布固定位置，對齊口袋的拉鍊齒部後車縫固定。

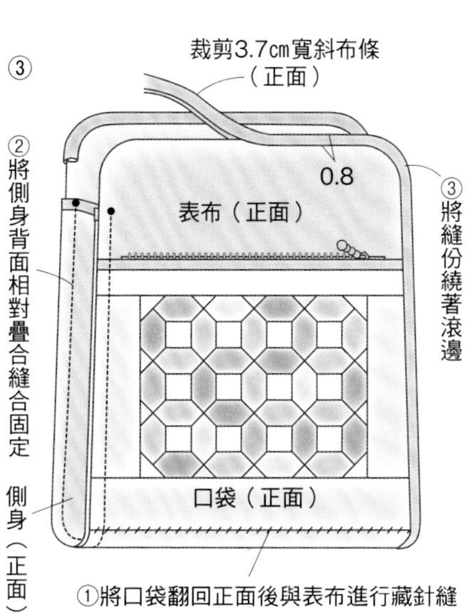

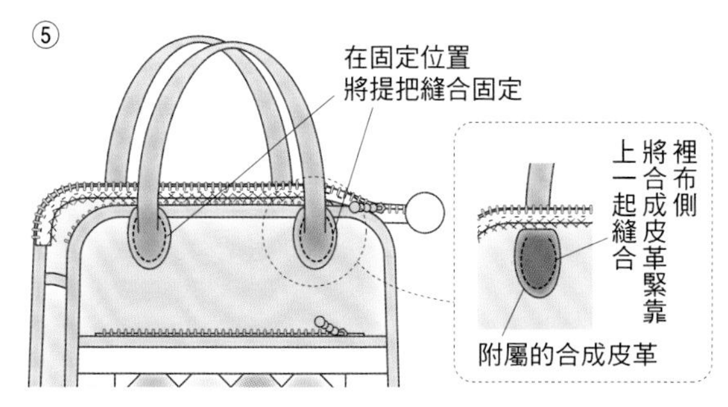

16 船型袋底迷你包

同色系的先染布與直線條的簡單設計，特色是袋口中心褶縫而成的蓬褶形狀，及側身連接的船型袋底，顯得格外有型！

20.5×25cm 作法＊P.37

P.36 16 船型袋底迷你包

●材料

A、A'用布2種，B用布（只有中心）25×25cm　B用布2種各15×25cm　袋底用布40×10cm　單膠拼布棉、襯布、裡袋用布各65×35cm　滾邊用寬3.7cm斜布條50cm　長41cm縫合固定式皮革提把1組　直徑1.2cm鈕釦4個

●作法順序

將A與B拼縫，製作表布的前片與後片→前片．後片與側身的表布燙上拼布棉，將裡布疊上後壓線→縫製裡袋→如圖縫製即完成。

●作法重點

○＜作法＞②將裡袋與表布縫合前，將縫份內側縫合（P.41）。

※A、A'與袋底原寸紙型B面⑰

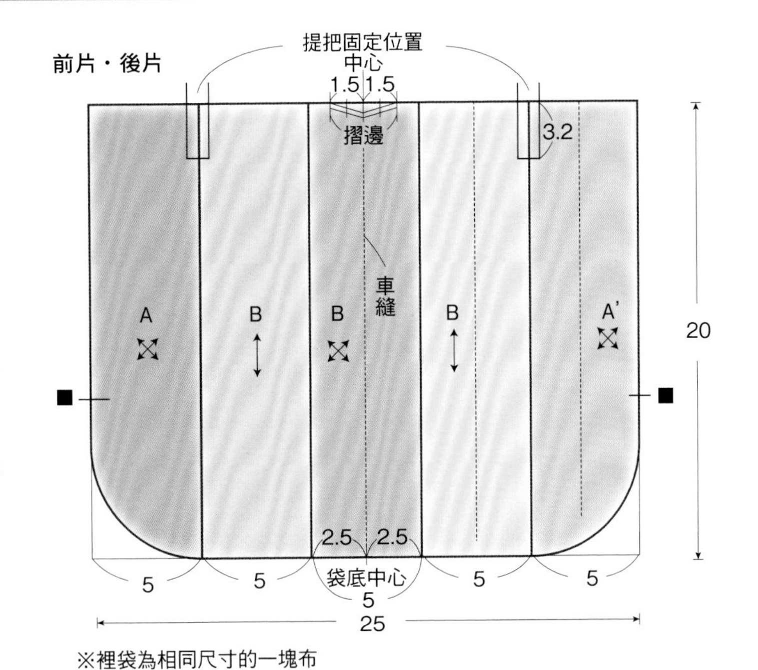

＜作法＞

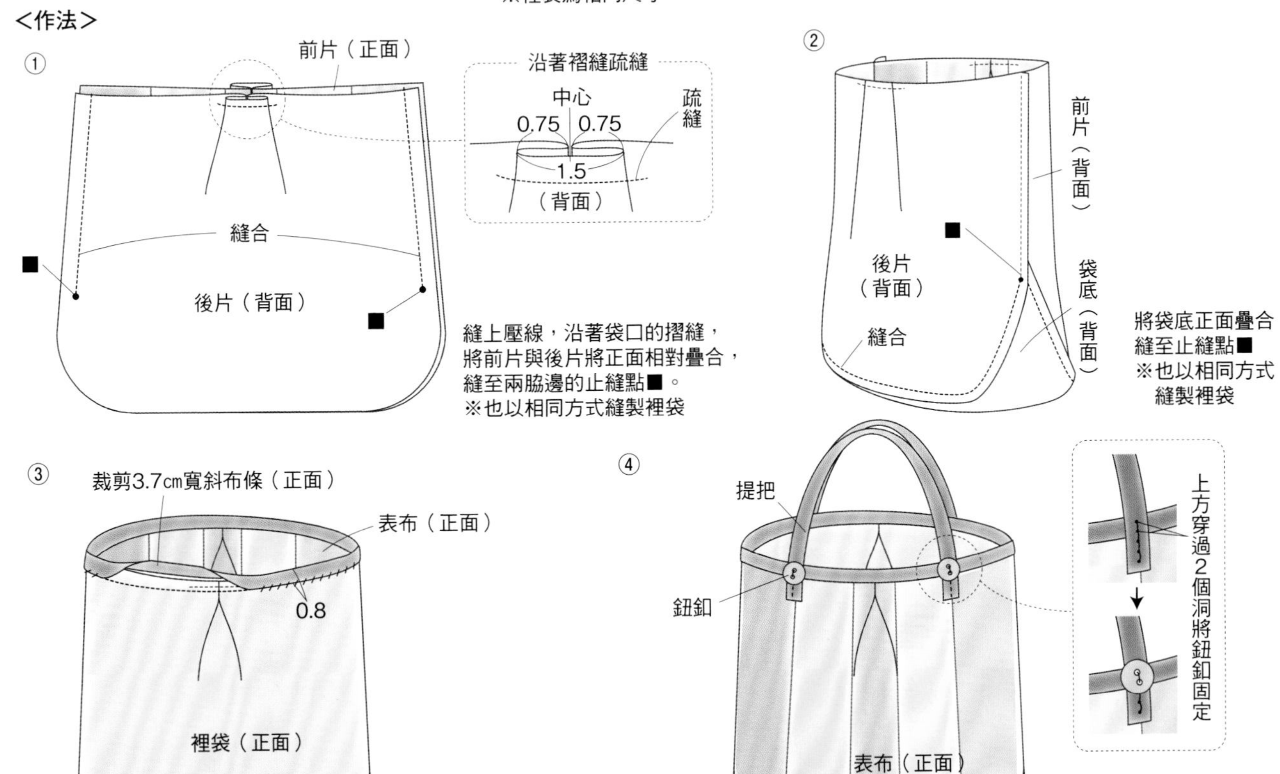

相同花紋圖案的縫製樂趣

17 束口圓筒包

在心形圖案中縫上花朵的貼布縫，
周圍搭配同色系的蕾絲，在表布縫上貼布縫。
藍灰色的色調呈現成熟又可愛的氛圍。

18×22cm 作法＊P.41

18 貼心的寬版肩背包

使用相同的心形圖案的鏤空貼布縫技巧，紅色的花朵與迷你心形圖案的排列讓人感覺心情愉快。

35×36cm 作法＊P.42

18

19 好想送出的結婚賀禮 心形框飾

大大的心形貼布縫，以千鳥縫飾邊，以花朵裝飾，心形與蝴蝶結能夠展現祝賀的心情，繡上名字當作禮物，令人愛不釋手呢！

內徑30×30cm 作法＊P.43

P.33 17 束口圓筒包

●材料

各色貼布縫用布　A用布20×20cm　B用布90×10cm（包含後片、袋底）　束口布50×15cm　單膠拼布棉、胚布、裡袋用布各60×40cm　1cm寬蕾絲、滾邊用寬3.7 cm斜布條各55cm　0.5cm寬細繩120cm　直徑2cm包釦芯8個　包釦用拼布棉20×5cm　米白色燭蕊線・粉紅色燭蕊線、墨綠色繡線各適量

●作法順序

將A的貼布縫縫製完成→製作B將A與蝴蝶結以貼布縫縫製前的表布→前片・後片與袋底的表布燙上拼布棉，將裡布疊上後壓線→縫製束口布→將提把縫合固定→如圖縫製即完成。

●作法重點

○繡法P.13。

○包釦的縫法P.8。

※前片的原寸貼布縫圖案與袋底原寸紙型B面⑧

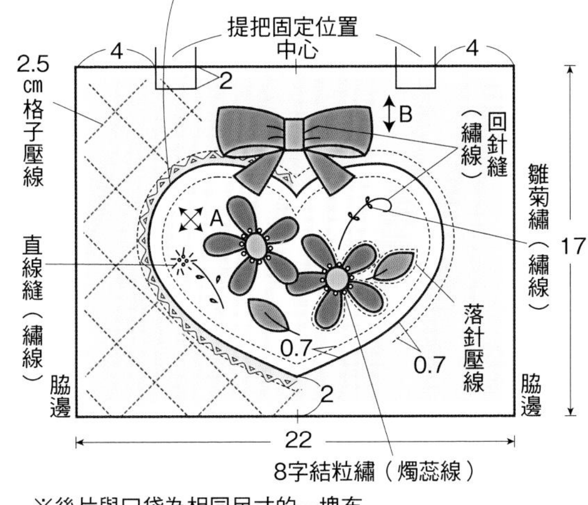

※後片與口袋為相同尺寸的一塊布
※後片縫上2.5cm格子壓線

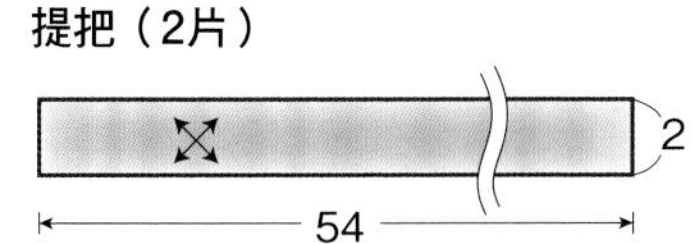

※裡袋同寸

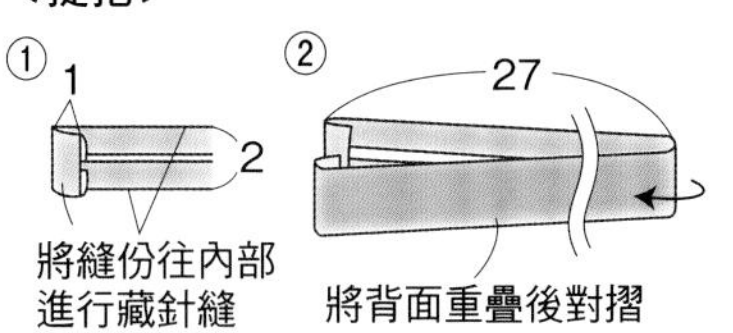

<提把>

①
1
2
將縫份往內部進行藏針縫

②
27
將背面重疊後對摺

③
①周圍車縫
②對摺
③車縫
5
※另一側也是相同方式縫製

束口布（2片）
中心
摺疊位置
2
2
4
4
穿過細繩
穿過細繩
止縫點
止縫點
車縫
10
脇邊
脇邊
22

<作法>

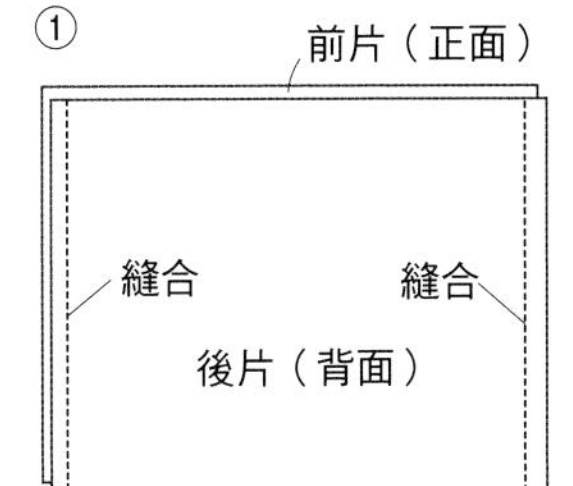

完成壓線的前片與後片將正面相對疊合縫合固定
※裡袋也是以相同方式縫製

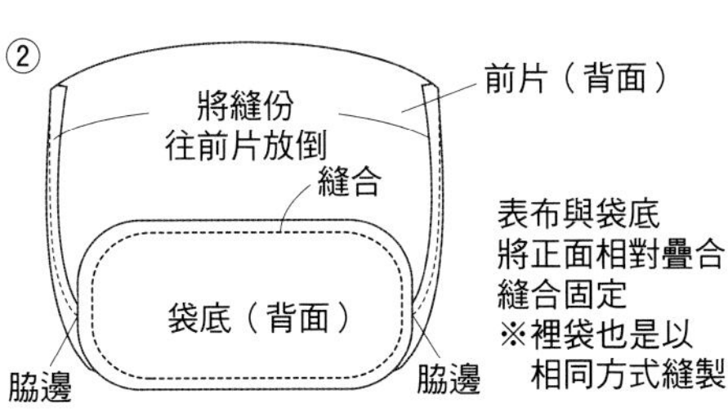

表布與袋底將正面相對疊合縫合固定
※裡袋也是以相同方式縫製

<束口布>

①
（正面）
（背面）
止縫點
止縫點
縫合

將束口布2個正面相對疊合兩個脇邊縫合固定至止縫點

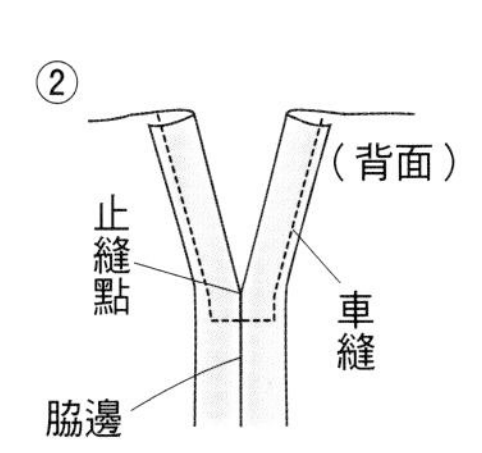

將脇邊的縫份裁剪以車縫縫合固定

③
摺疊位置
2
1
車縫
脇邊

摺疊位置往內側摺疊將縫份摺疊後塞入車縫

包釦（8個）

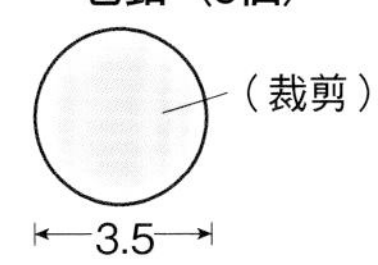

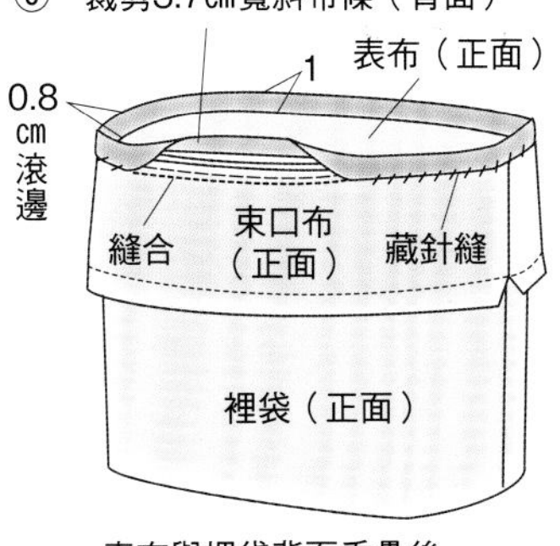

表布與裡袋背面重疊後，束口布重疊疏縫，袋口滾邊進行藏針縫。

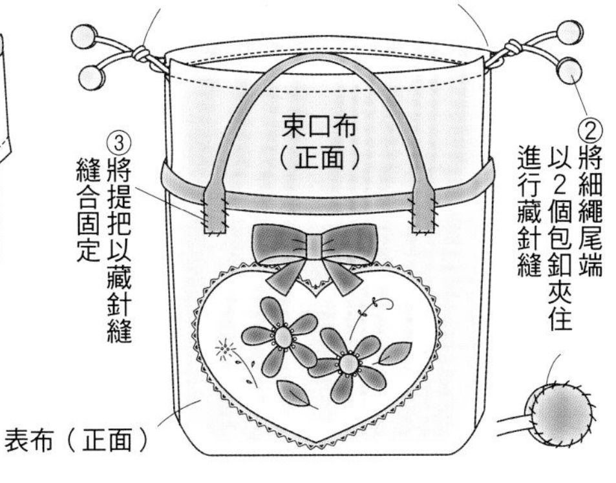

內側的縫法

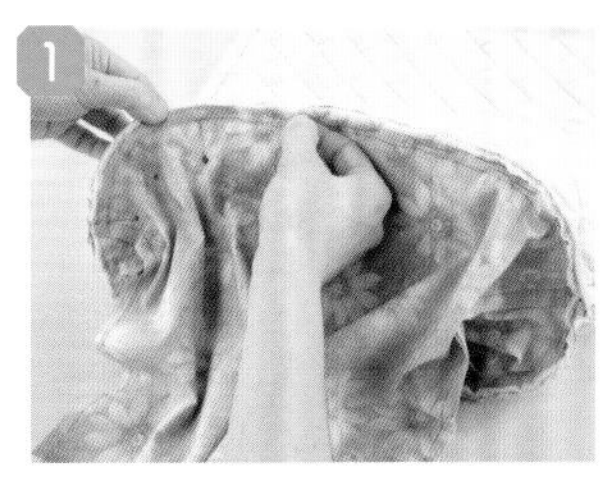

將裡袋縫合固定在表布上，讓裡布不會鬆動。首先，正面重疊在一起的表布與裡袋的袋底將縫線對齊後以珠針暫時固定，將縫份以2股疏縫線大致縫合。

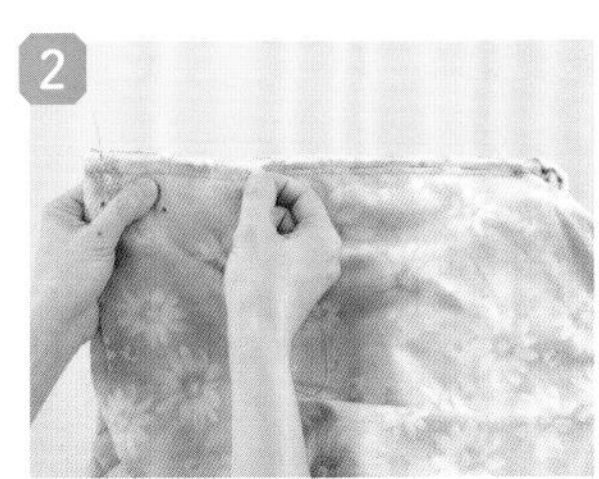

將束口布往表布放倒，脇邊同樣緊靠袋底，以相同方式將縫份的部分大致縫合。雖然依據設計和形狀的不同，縫製的位置會有所不同，同樣將裡袋與表布正面相對疊合的縫份以相同方式縫合固定。

18 寬版肩背包

●材料

拼布、各色貼布縫用布　袋身前片用布110×80cm（包含袋身後片、貼邊布、袋底、提把）　A用布40×40cm　單膠拼布棉、裡布各100×70cm　裡袋用布100×50　1.2cm寬花形蕾絲4個　0.5cm寬水兵帶255cm　直徑1.8cm磁釦1組　米白色燭蕊線、綠色、深褐色繡線各適量

●作法順序

A完成鏤空貼布縫後的表袋身將花朵與葉子與心形縫上貼布縫→表袋身前片・後片與袋底的表布燙上拼布棉，將裡布疊上後壓線→將表袋身前片・後片與袋底縫合固定→縫製裡袋→將提把縫合固定→如圖縫製即完成。

●作法重點

○<提把>在周圍縫合固定後翻回正面，以熨斗將拼布棉燙貼完成，壓線。

○繡法P.13

○<作法>②將裡袋與表布縫合前，將縫份內側縫合（P.41）。

※前片・後片與袋底、裡袋、提把原寸紙型A面⑭。

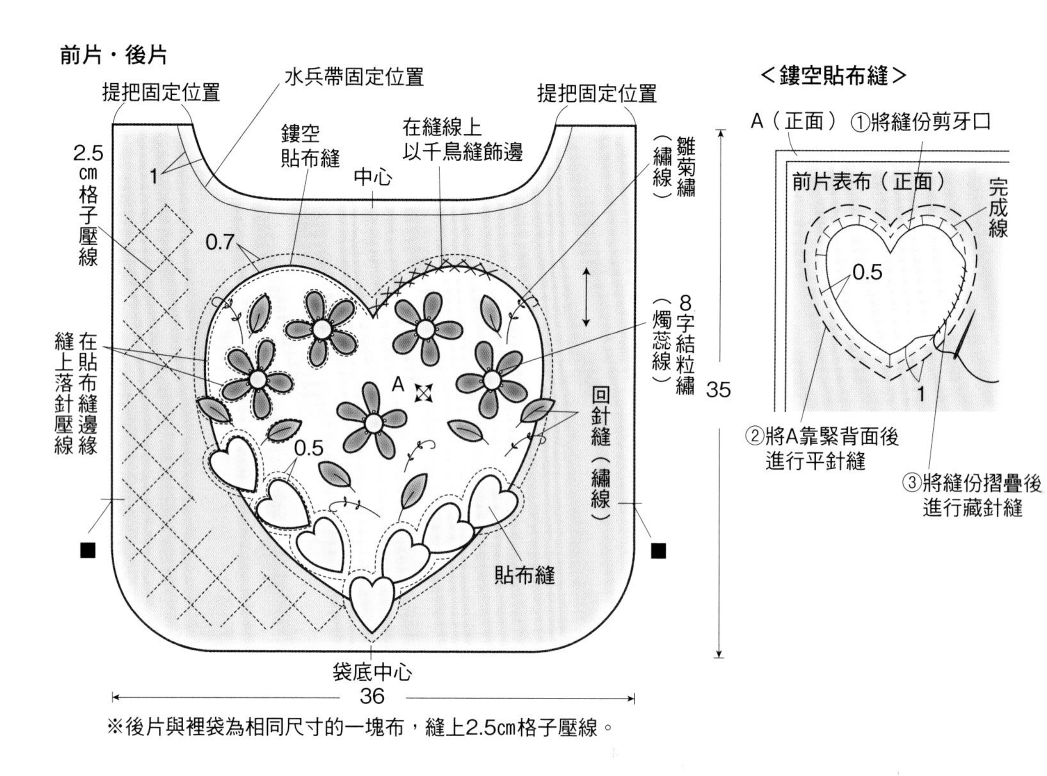

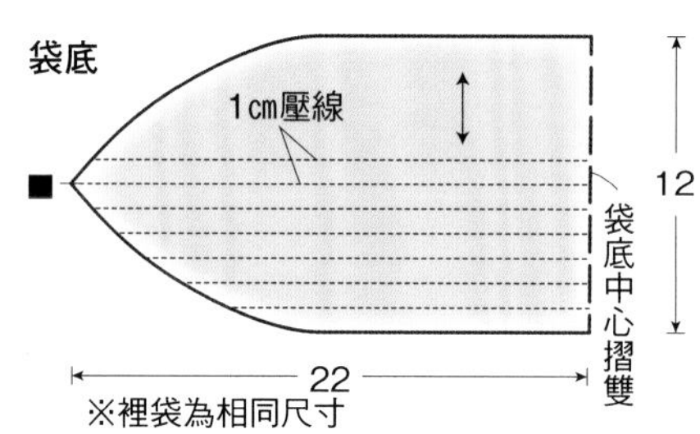

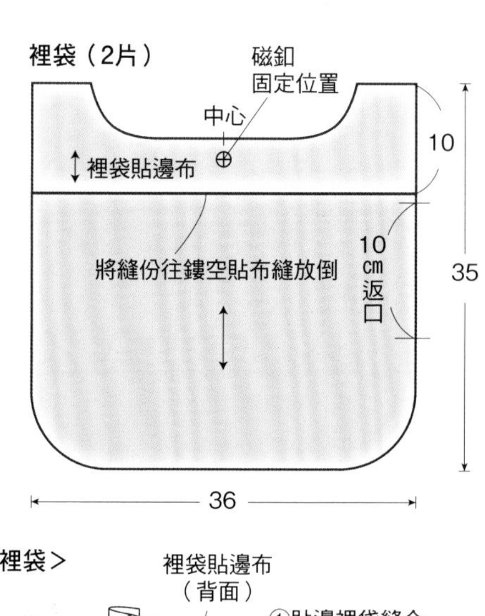

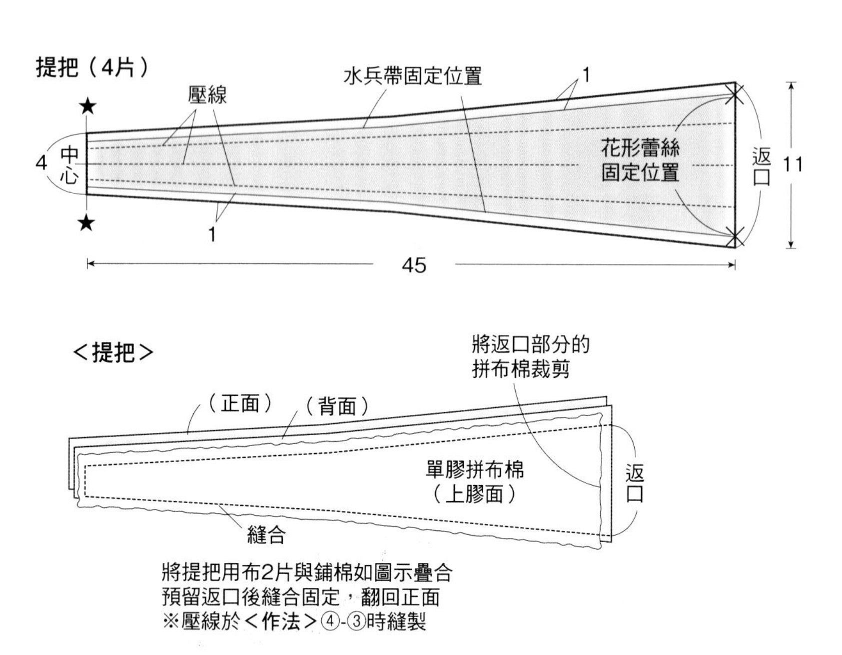

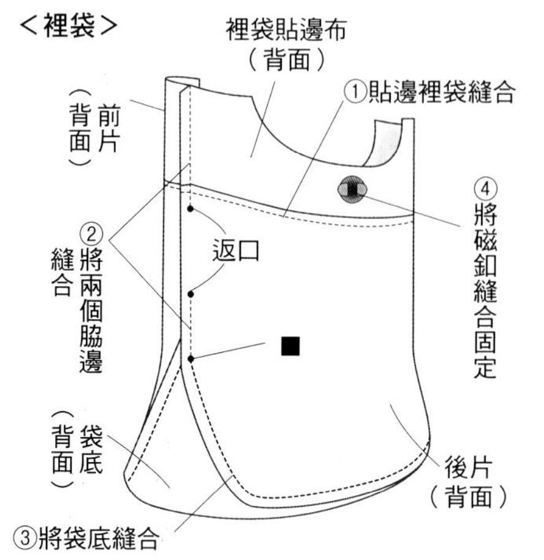

<作法>

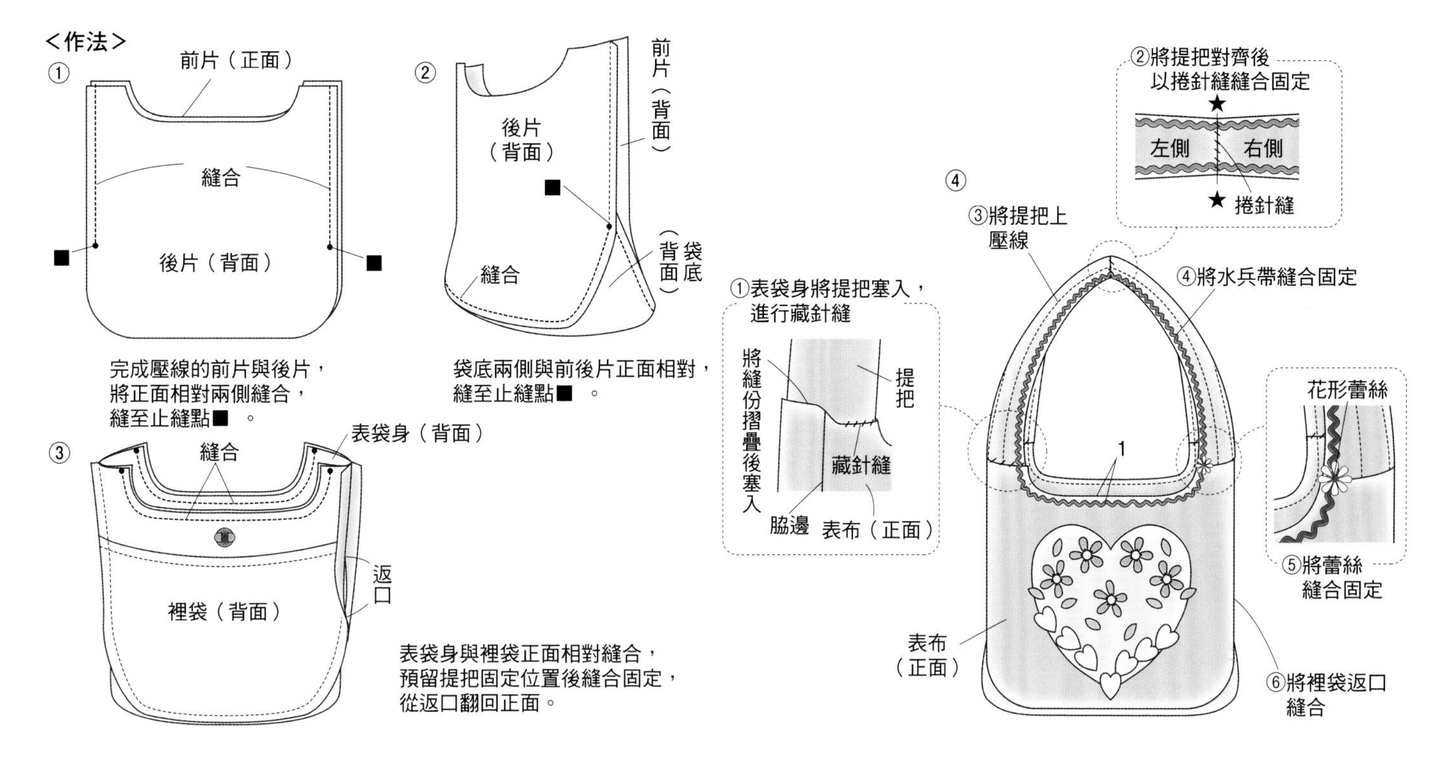

P.40 19 心形框飾

●材料

各色貼布縫用布　A用布30×30cm　台布、單膠拼布棉、裡布各35×35cm　1.2寬花形蕾絲6個　2cm寬花形蕾絲5個　內徑30×30cm的相框1個　米白色、粉紅色爛蕊線、綠色、藍色繡線各適量

●作法順序

將A在台布上完成貼布縫→縫製花朵與的貼布縫→表布將拼布棉與裡布疊上後壓線、刺繡→將花形蕾絲縫合固定→放入相框裡。

●作法重點

〇將台布裁為較大片，使其能夠收尾到相框裡。

〇刺繡皆為1股線，繡法P.13。

※原寸紙型A面⑱

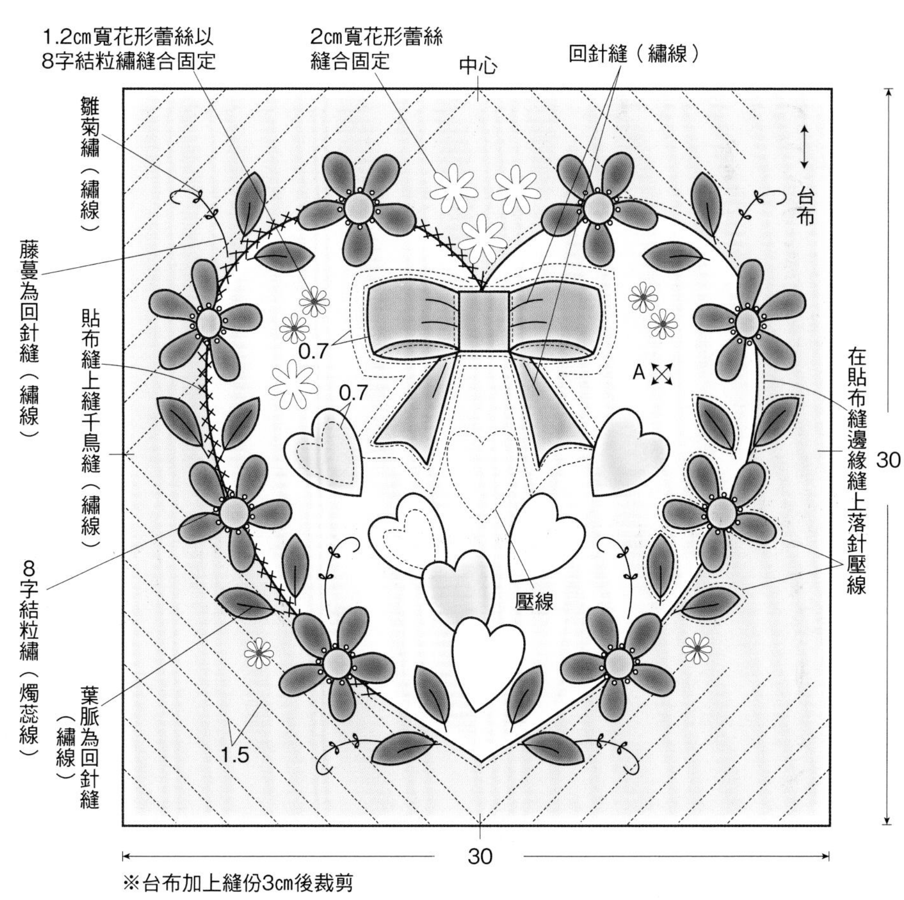

※台布加上縫份3cm後裁剪

<作法>

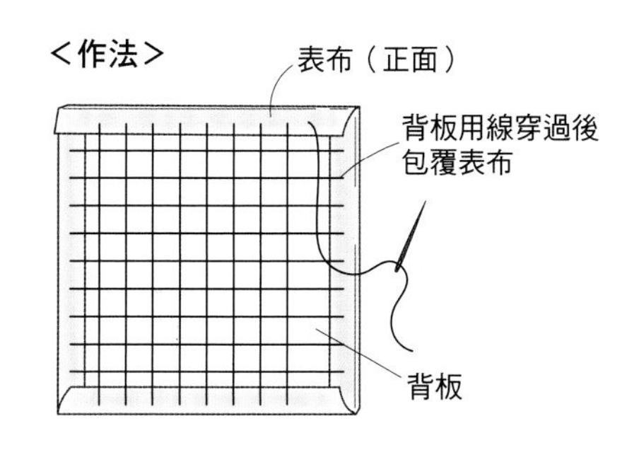

增添生活樂趣的家飾

每天在家中使用的實用小物，你是否想開始縫製可愛的貼布縫或帶著輕鬆氛圍的設計呢？
只是看著也覺得心情放鬆呢！

20 屋型面紙套

有著煙囪大屋頂的面紙套，側身有著門或窗戶的貼布縫，
面紙則是從屋頂上取出。

13×25×12cm　作法＊P.46

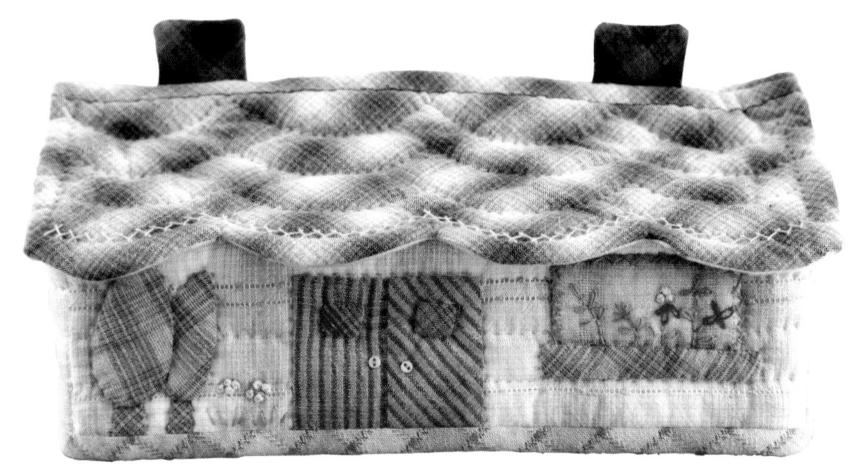

FRONT

從外面看到的房子細膩又生動可愛的設計，門把使用小小的鈕釦、繡出窗邊的小花，描繪出庭園的樹木。

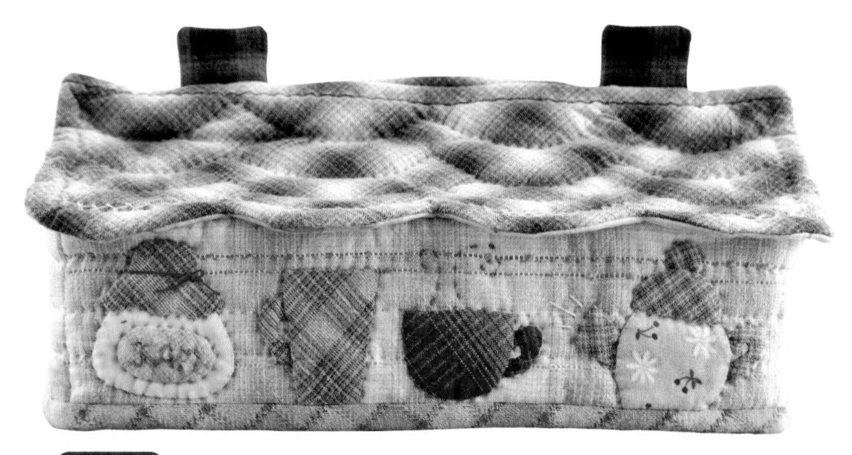

BACK

以貼布縫可愛圖形描繪出家中下午茶時刻的擺設。

SIDE

房子窗台上有小花
偷偷探出頭來。

20 屋型面紙套

●材料（1件的用量）

各色貼布縫用布　屋頂用布40×40cm（包含屋頂滾邊用3.7cm寬斜布條）　側身A・B・C用布40×40cm　煙囪用布10×20cm　滾邊用3.7cm寬斜布條85cm　單膠拼布棉、裡布各50×40cm　直徑0.4cm鈕釦2個　燭蕊線、繡線各色各適量

●作法順序（相同）

將側身A・B・C縫製貼布縫→製作屋頂、側身A各2片與側身B・C→製作煙囪→將花形蕾絲縫合固定→如圖縫製即完成。

●作法重點

○在貼布縫邊緣縫上落針壓線。

○製作＜屋頂＞①時，將未上膠一側的單膠拼布棉與裡布重疊3層，預留返口，翻回正面後，以熨斗將拼布棉燙貼完成，壓線。

○刺繡皆為1股線。繡法P.13。

※表布、屋頂原寸紙型A面⑲

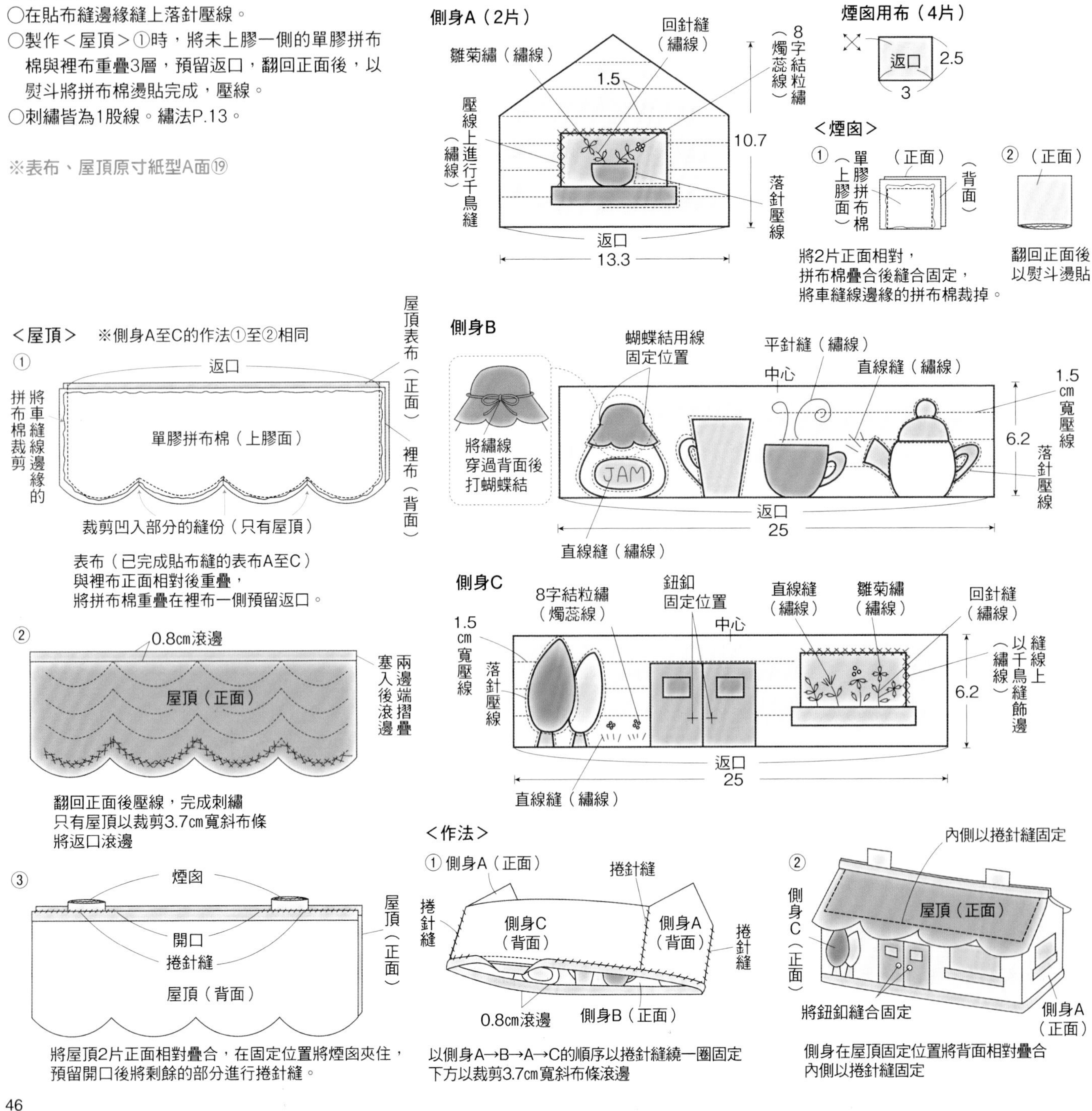

●貼布縫作法

藏針縫前，將貼布縫主圖案布料的縫份往內側，將形狀整理後漂亮地完成。藏針縫時，從重疊在下方的布料依序縫製貼布縫。

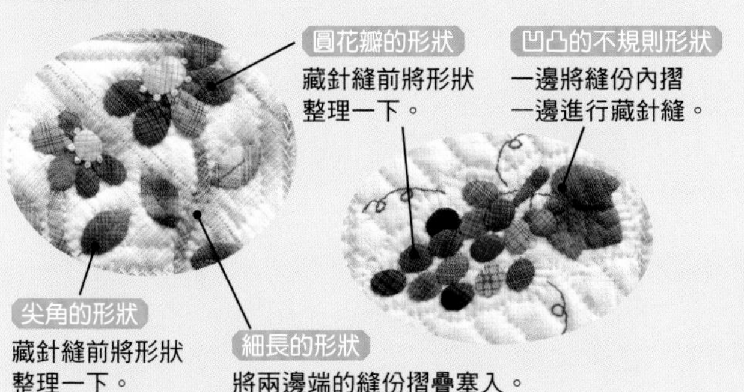

＊準備紙型與台布

1 在厚的描圖紙上將圖案描繪下來，以刀片將花紋圖案切割下來，將貼布縫圖案布用與台布用分開。

2 台布的正面以台布用的紙型疊合，將圖案的輪廓以鉛筆輕輕地描繪。

＊準備貼布縫圖案的布料

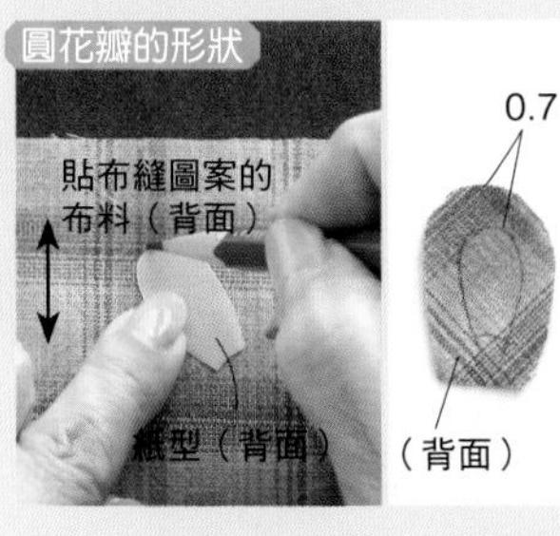

1 貼布縫圖案的布料背面將紙型的背面重疊上並畫上記號，加上0.7㎝縫份後裁剪。

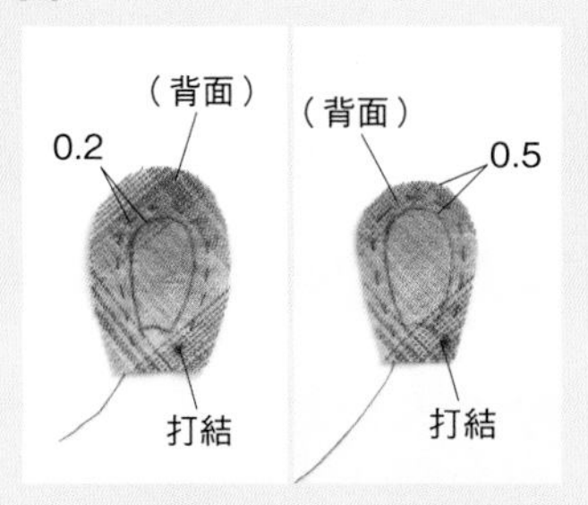

2 從背面開始入針，在記號外側的0.2㎝縫製，縫製結束後由正面出針，加上0.5縫份後裁剪。

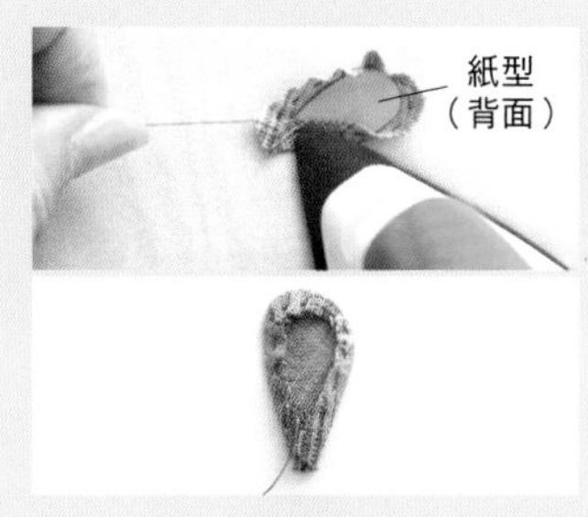

3 背面以紙型疊合，以縫製的線一邊拉緊一邊以熨斗燙整，將形狀整理邊後把紙型移除。

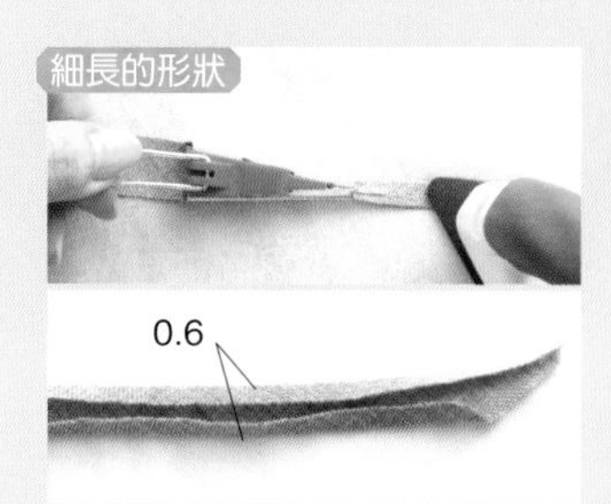

裁剪1.5㎝寬斜布條以6mm滾邊製帶器穿過，以熨斗將兩邊摺線燙整固定。

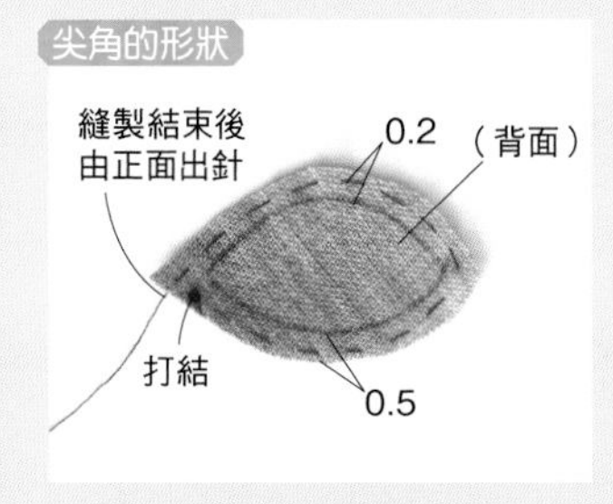

1 與上方1至2的相同方式縫製貼布縫圖案的布料，將縫份裁剪。

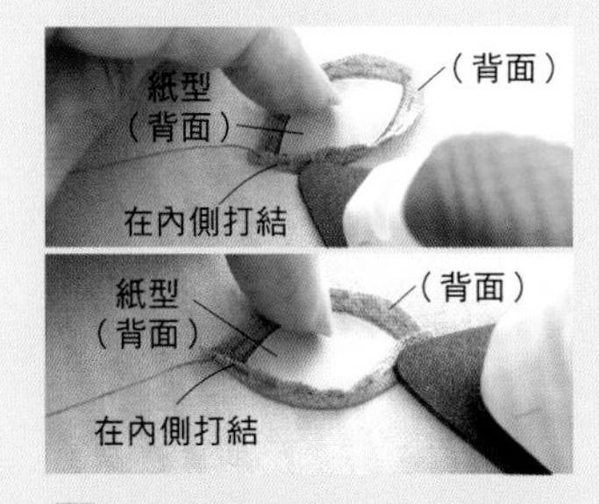

2 將背面放上紙型，打結邊側的縫份以熨斗往背面放倒，將邊角摺線確實地按壓出來。

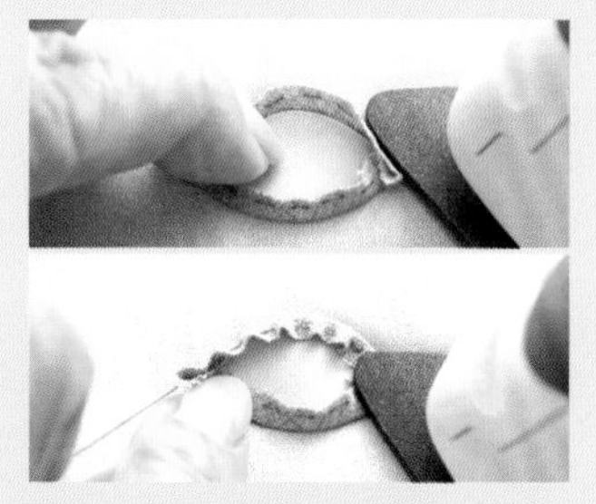

3 邊角的縫份往背面摺疊，邊角熨燙固定，線一邊拉緊一邊將形狀整理好。

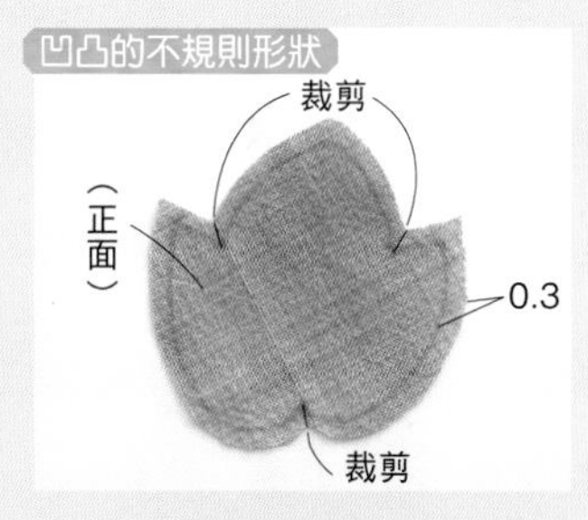

貼布縫圖案布料形狀正面將紙型放上去，以水消筆畫上記號，加上0.3㎝縫份後裁剪，裁剪凹入的部分將縫份。

＊進行貼布縫

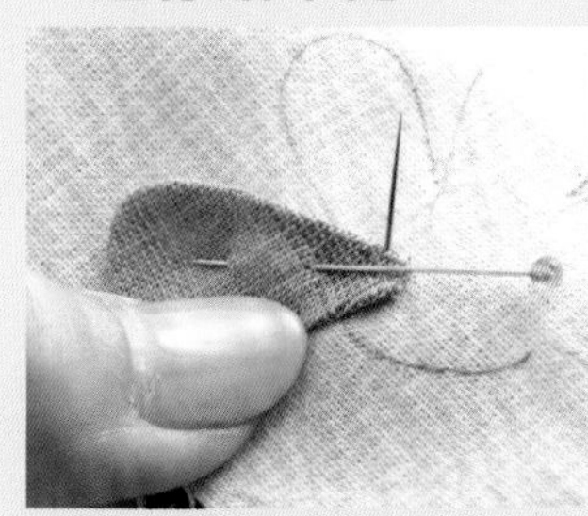

1 將貼布縫圖案的布料以珠針暫時固定在台布的固定位置，台布的內側開始入針，從貼布縫圖案的內摺處出針。

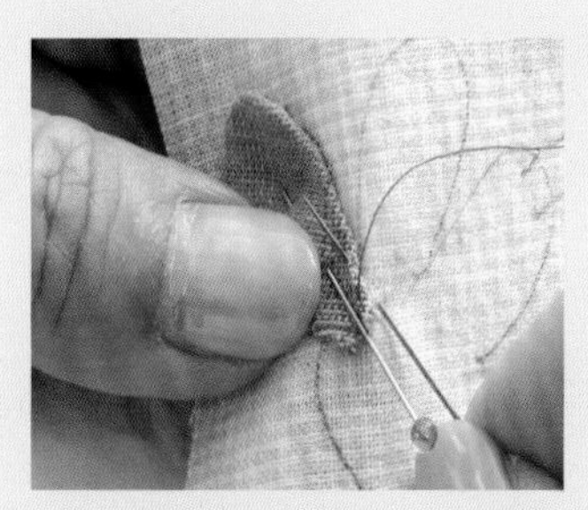

2 於底部的台布入針，往前0.3㎝從貼布縫圖案布料的山摺縫上來，重覆以上動作進行藏針縫。

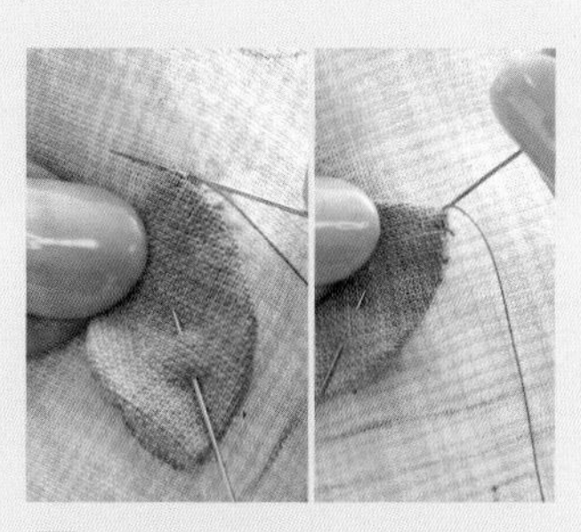

3 角的部分從上方開始出針，頂點邊緣的台布垂直的將角牢固地縫合。

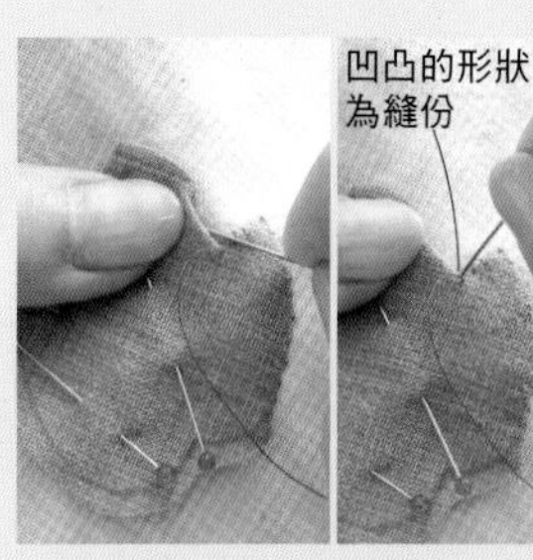

4 凹凸的形狀為縫份在針縫之前先摺疊塞入後進行藏針縫，凹凸的角與3作法相同縫合固定。

21 衛生紙捲蓋
衛生紙捲收納套

化妝室的最佳裝飾品，可以描繪出喜歡的景色，是相當可愛的設計。

衛生紙捲蓋　24×15cm
衛生紙捲收納套　15×18cm

作法＊P.49

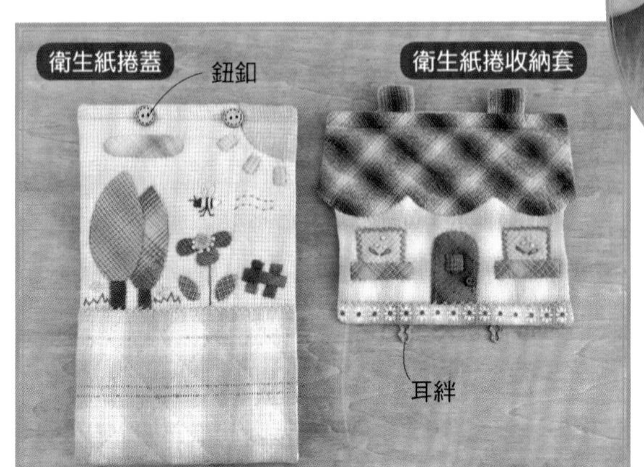

衛生紙套附有耳絆，衛生紙蓋的鈕釦能夠掛在上面。

21 衛生紙捲蓋／衛生紙捲收納套

●材料

各色貼布縫用布 A用布20×20cm B用布20×40cm C用布20×20cm（包含煙囪） D用布25×15cm（包含墊片） E用布20×5cm 插入板用布110×25cm（包含裡布） 單膠拼布棉20×75cm 厚布襯 15×15cm 0.5水兵帶30cm 直徑1.2cm鈕釦2個 直徑0.7cm鈕釦1個 縫紉用棉線、繡線、燭蕊線各色各適量

●作法順序

製作貼布縫、拼縫的衛生紙捲架蓋布／衛生紙捲收納套→製作煙囪→製作衛生紙捲蓋／套、插入板→如圖縫製即完成

●作法重點

○在貼布縫邊緣縫上輪廓壓線。
○煙囪製作P.46<煙囪>。
○<衛生紙捲架蓋布>②翻回正面後，以熨斗將拼布棉燙貼完成，壓線。
○繡法P.13。

※A、衛生紙捲架蓋布、衛生紙捲收納套原寸紙型A面⑯。

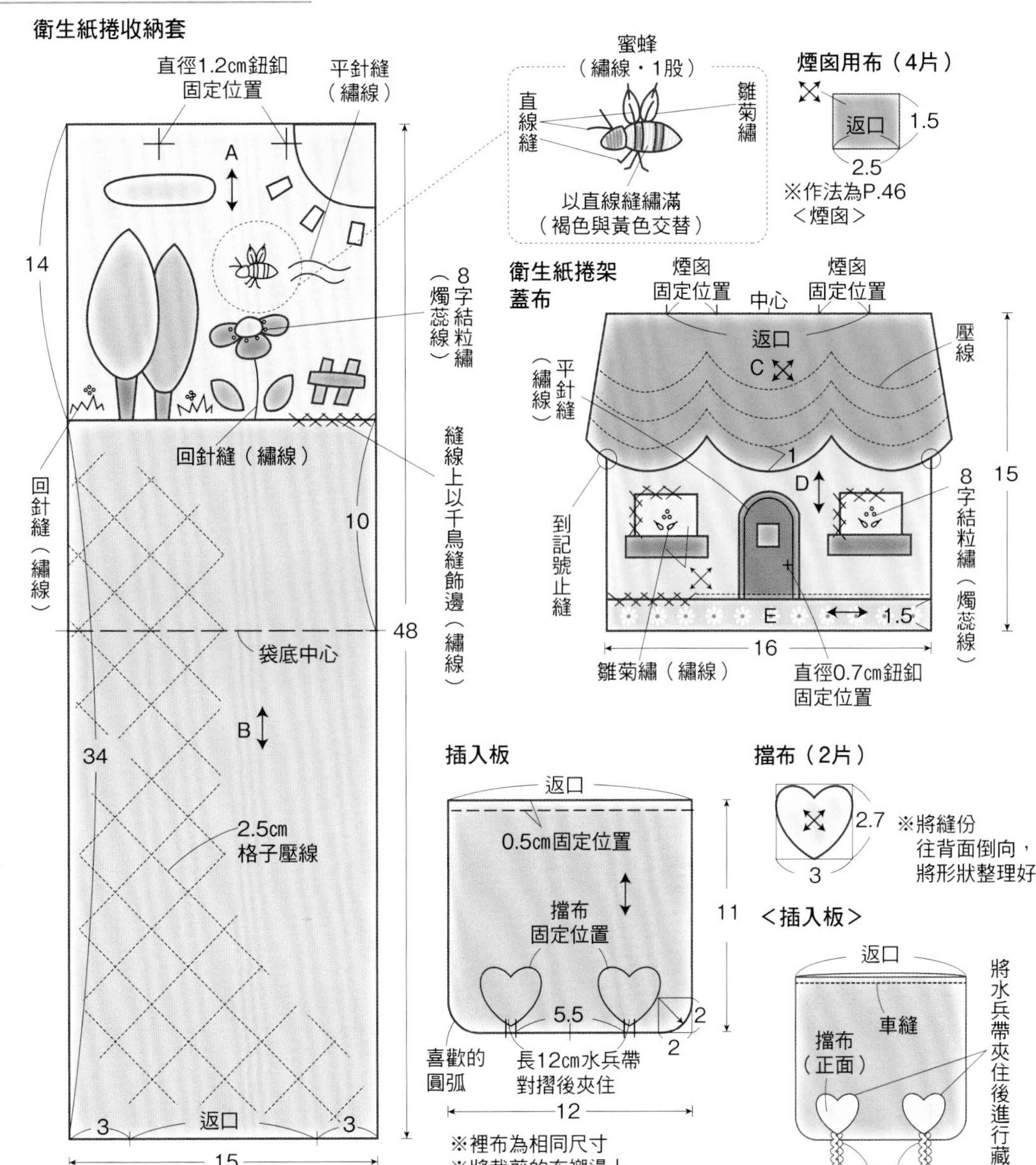

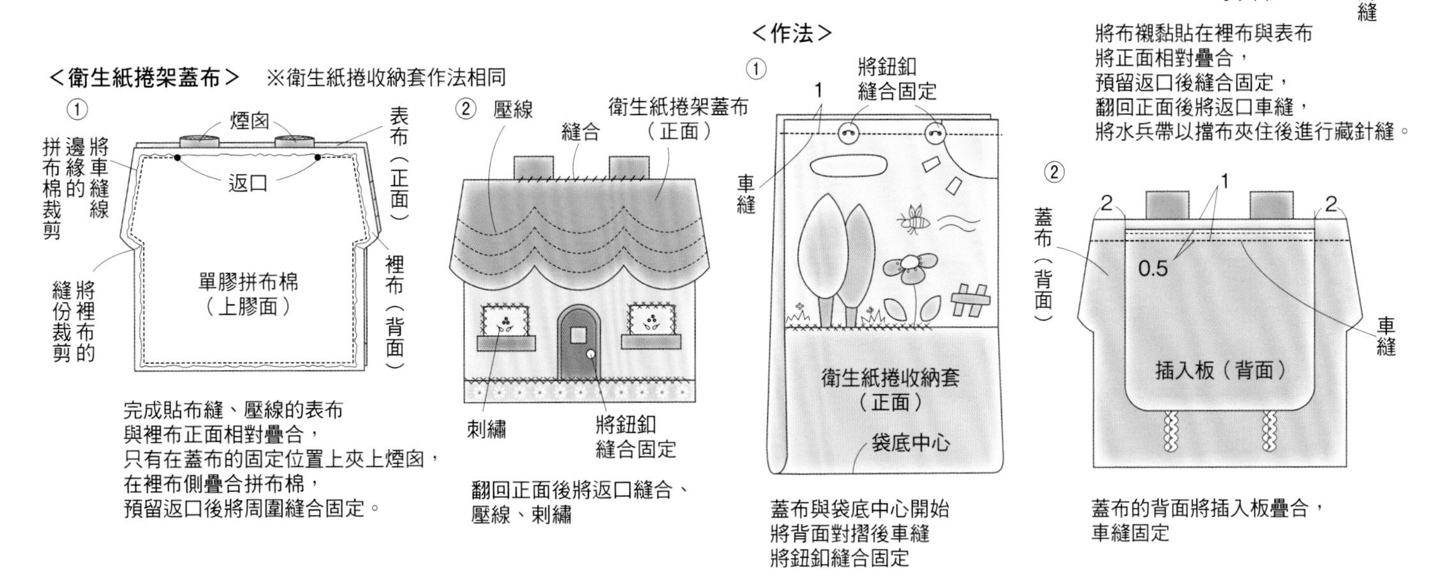

22至25 附有口袋的四季餐墊&杯墊

描繪著四季風景的餐墊，曲線造型巧妙設計的季節系列圖案的杯墊，增加用餐的樂趣，非常可愛。

餐墊24.5×34.5cm・杯墊13.5至15.5×12至16cm

作法 * P.54

春

春天盛開櫻花色調的餐墊。
櫻花樹圖案的杯墊上開了以貼布縫縫製的櫻花。

22

夏

以海浪的曲線巧妙作為口袋設計。
魚造形的杯墊上有著立體的魚鱗壓線。

23

秋
從樹木上落下葉子的秋天風景，綠色與褐色呈現沉穩的大自然色調。蘑菇造型的杯墊上出現可愛的橡果的貼布縫。
Nuria
ORIGINAL
NATURALES
desde 1910
24

冬
白雪覆蓋的房子與聖誕樹，
紅帽小雪人正在等著喝熱可可呢！
25

耳朵與尾巴疏縫
的設計呈現立體
的樣子。

26 散步狗狗的迷你壁飾

狗狗一家人排成一列，感情很好的一起散步，
看起來快樂又溫馨，可以當作狗年的裝飾。
24.5×44.5cm

作法＊P.55

●材料

餐墊（相同）

各色貼布縫用布　A用布、口袋用布各40×20cm　單膠拼布棉、裡布各40×45cm　滾邊用3.7cm寬斜布條120cm　繡線各色各適量

22至24（相同）

B用布40×20cm

25　B用布45×45cm　1.2cm寬星形鈕釦1個

杯墊（相同）

各色貼布縫用布　單膠拼布棉25×25cm　繡線各色各適量

22・24（相同）

表布用布 40×20cm

樹（蘑菇）用布 20×10cm

23　A用布 20×10cm　B用布40×20cm　背鰭用布 20×20cm（包含尾鰭的部分）

25　表布用布40×20cm　帽子用布20×10cm　2cm寬花形蕾絲、0.8cm鈕釦、直徑2.2cm包釦芯各2個　包釦用布、包釦用拼布棉各10×10cm

●作法順序

餐墊　表布的拼縫、表布製作貼布縫→將表布燙上拼布棉，重疊上裡布後壓線，刺繡→製作口袋→如圖縫製即完成。

杯墊　表布製作貼布縫→製作各裁片→如圖縫製即完成。

●作法重點

○在貼布縫邊緣縫上落針壓線。

○<口袋的縫法>①與杯墊的<作法>①翻回正面後，以熨斗將拼布棉燙貼完成，壓線。

○包釦的縫法P.8。

○刺繡皆為1股線，繡法P.13。

※餐墊原寸紙型A面⑳至㉓，杯墊原寸紙型A面⑤至⑧。

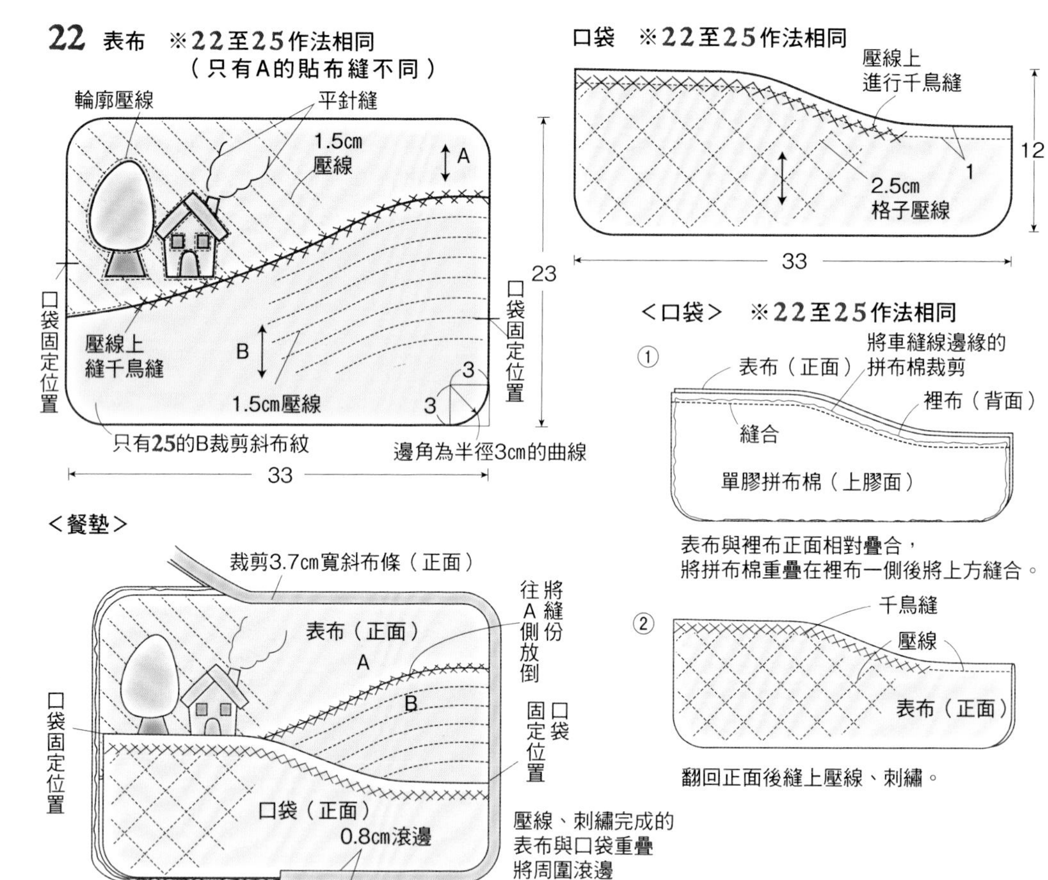

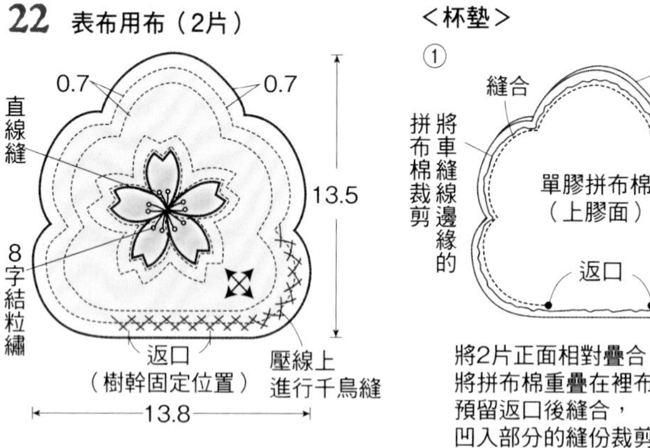

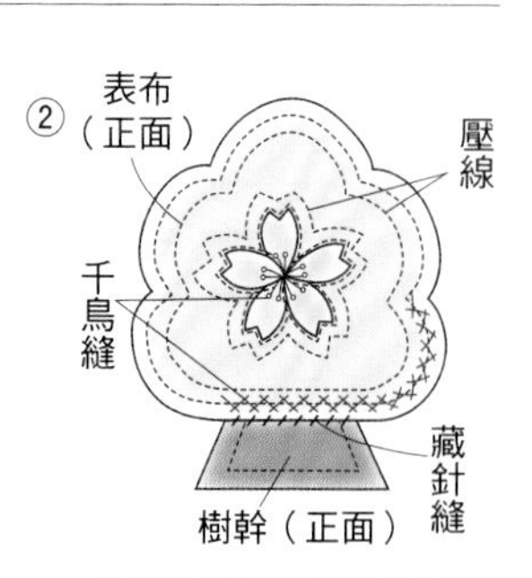

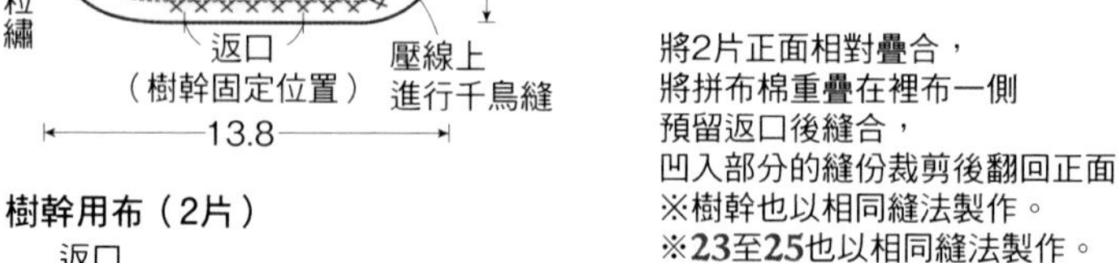

樹幹用布（2片）

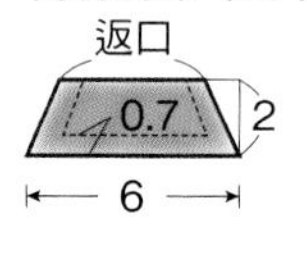

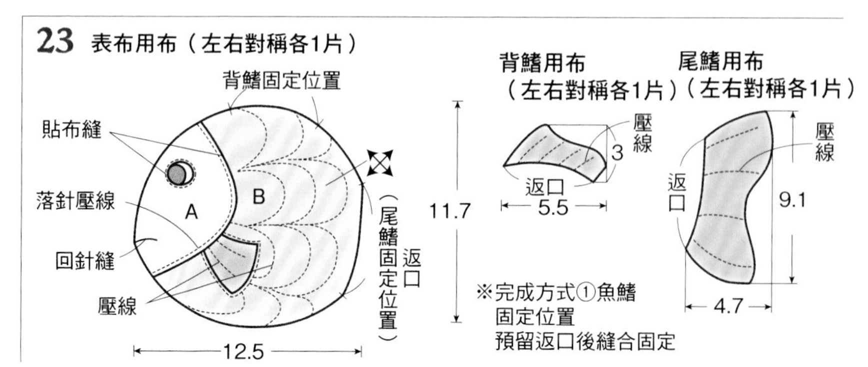

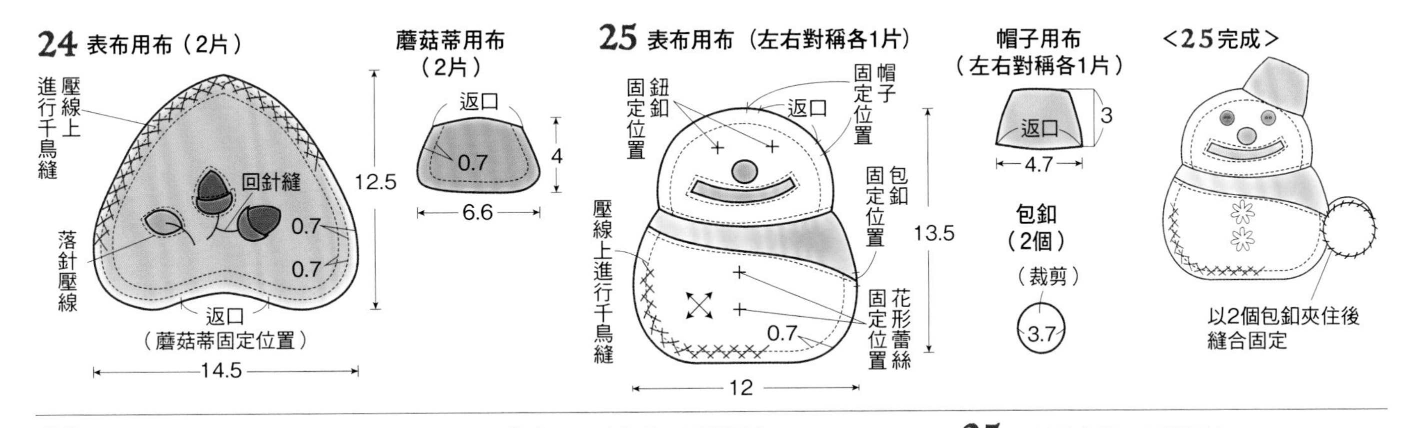

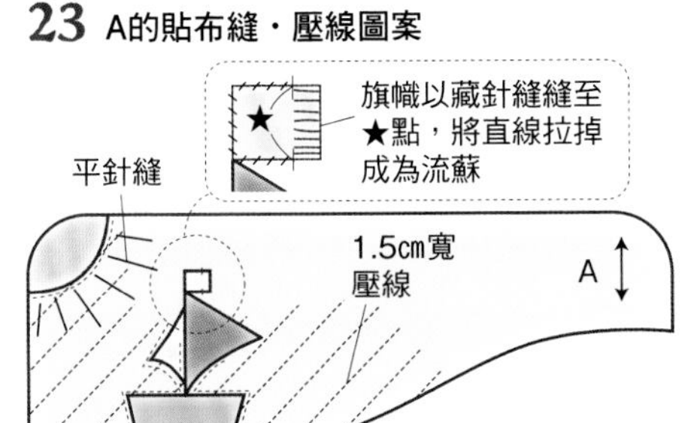

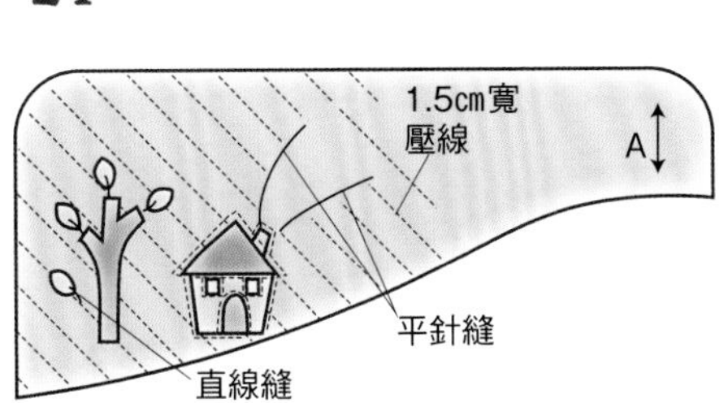

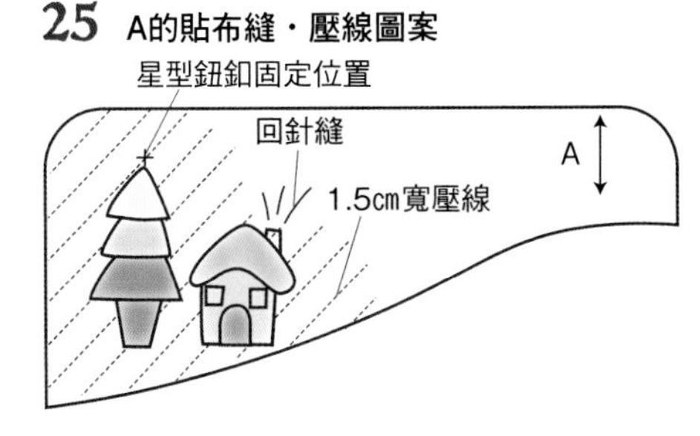

P.53 26 迷你壁飾

●材料

各色貼布縫用布　A用布40×15cm　B用布40×40cm　耳朵用布 4種各10×10cm　C・D用布50×30cm　單膠拼布棉、裡布各55×35cm　滾邊用3.7cm寬斜布條145cm　直徑0.2、0.3cm珠子各2個　繡線各色各適量

●作法順序

A與B拼縫後製作成台布→製作耳朵與尾巴→在台布上進行貼布縫→將C與D縫合在台布製作表布→將表布燙上拼布棉，重疊上裡布後壓線，刺繡→將周圍滾邊

●作法重點

◯在貼布縫邊緣縫上落針壓線。
◯刺繡皆使用繡線，繡法P.13。
◯邊框以滾邊方式完（P.80）。

※貼布縫原寸紙型A面⑮

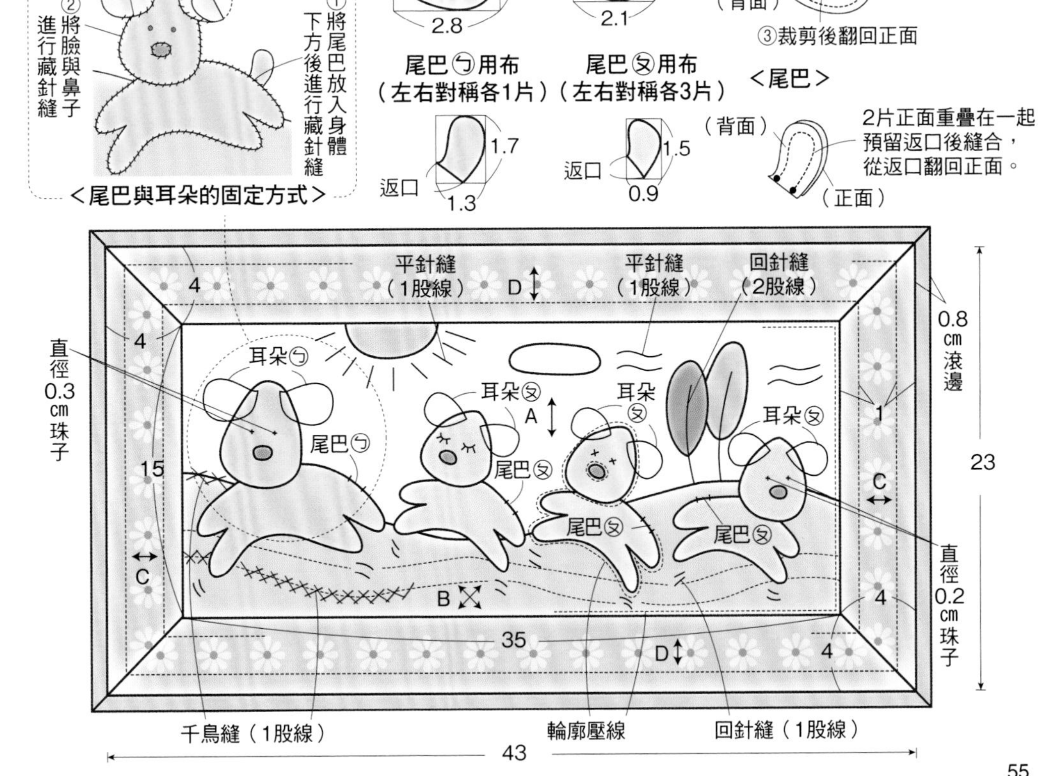

27・28 荷葉邊親子抱枕

適合每天使用的家飾品，圖案簡單卻不會看膩，荷葉的邊緣布溫馨可愛！

27 40×48cm・**28** 32×40cm

作法＊P.57

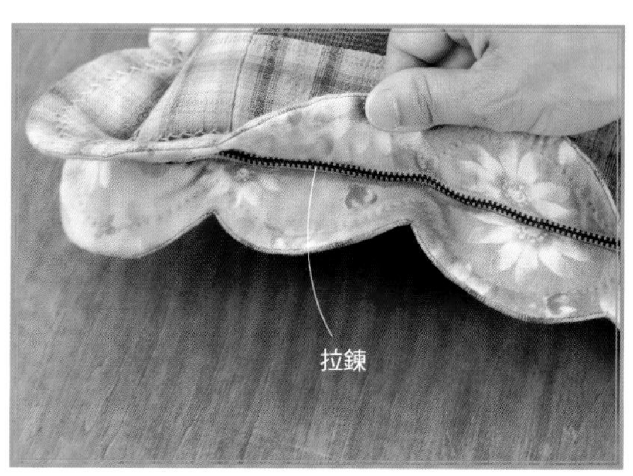

2片對齊後將周圍縫合，
將拉鍊縫合固定。

27・28 抱枕

●材料

共同

拼布用各色拼接用布　縫紉用棉線、繡線各色各適量

27　B・C用布110×50cm（包含後片）　單膠拼布棉、裡布各100×50cm　長30cm拉鍊1條

抱枕芯用布 75×45cm　手工藝棉花 約350g

28　B・C用布90×40cm（包含後片）　單膠拼布棉、裡布各100×45cm　長20cm拉鍊1條

抱枕芯用布60×40cm　手工藝棉花 約200g

●作法順序（相同）

製作與A連接的「三角形拼布」圖案12片（28為6片）→將圖案縫合起來→縫製連接B與C之前片表布→如圖縫製即完成。

●作法重點

○<作法>①將表布翻回正面後，以熨斗將拼布棉燙貼完成，壓線。

○<作法>③將前片與後片對齊時，弧形的部分要完全對準。

○刺繡皆為1股線。繡法P.13。

※A至C與後片原寸紙型A面⑨

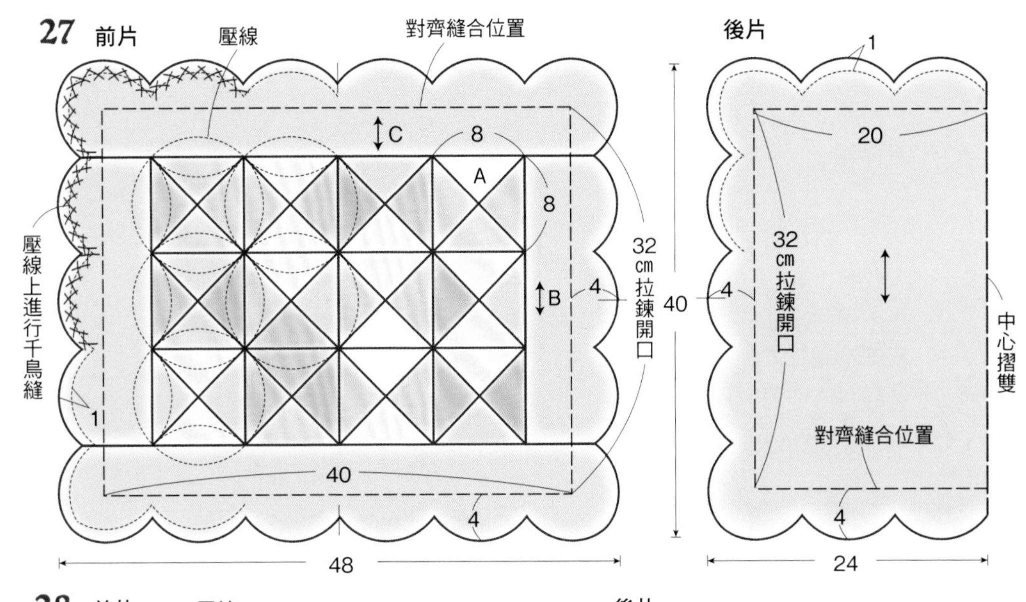

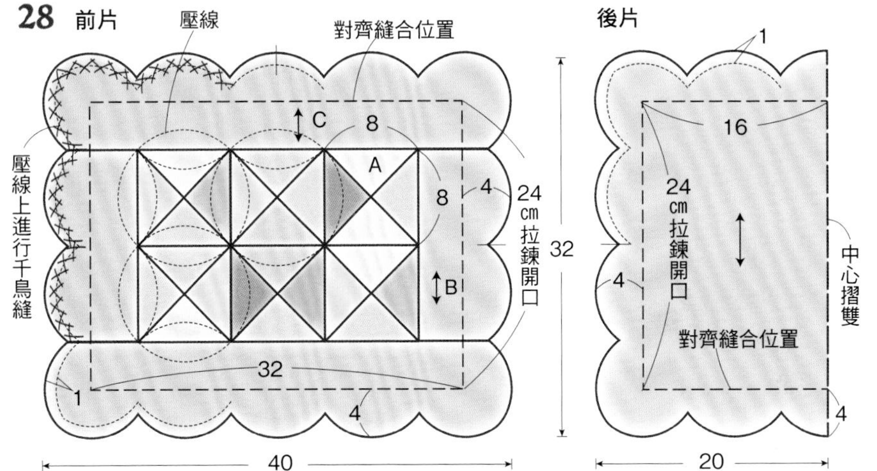

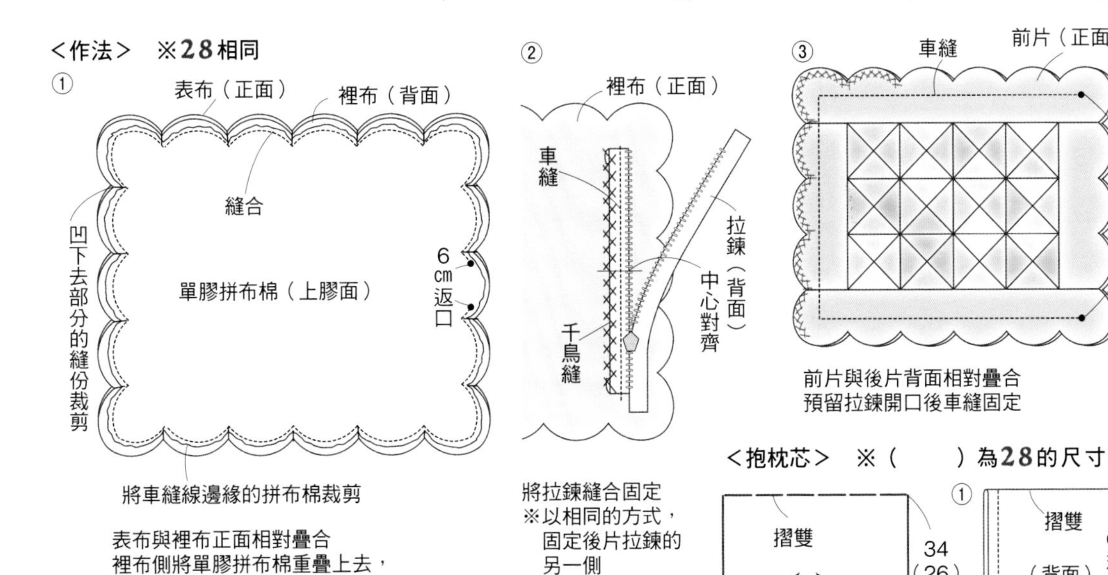

將車縫線邊緣的拼布棉裁剪

表布與裡布正面相對疊合
裡布側將單膠拼布棉重疊上去，
預留返口後縫合
※後片也是以相同方式縫製

將拉鍊縫合固定
※以相同的方式，
固定後片拉鍊的
另一側

前片與後片背面相對疊合
預留拉鍊開口後車縫固定

③的車縫線上
縫上千鳥縫

<抱枕芯>　※（　　）為28的尺寸

摺雙
34（26）
42（34）

① 摺雙　6 cm 返口　（背面）

將正面相對後對摺，
縫合固定

② （正面）　棉花

翻回正面後塞入棉花
將返口縫合

單一製作的樂趣
鉤織花紋圖案＋拼布

鉤針編織傳統花形的圖案與拼布的結合。
無論是哪一種都是一個一個製作，能夠恣意組合成喜歡的大小。

29 將花紋圖案拼縫而成的大型拼布壁飾

使用了各種貼布縫完成，將八角形花朵貼布縫圖案以四方連續的方式拼接連接，
在圖案之間的角落上，縫上以蕾絲線鉤織而成花紋圖案，
四周邊框以「線軸拼布圖型」與圓弧曲線的圖案拼縫完成的拼布作品。

29

133×133cm　作法＊P.64

HAPPY
DAYS
LOVE
Quilter Charming Patterns
TEA TIME

30 桌墊

使用數量比P.58的拼縫圖案少製作成的桌墊，依照需要舖陳位置的尺寸來製作桌墊，
使用2種不同色調及造型的雛菊貼布縫交錯搭配。

49×58cm　作法＊P.65

31 YOYO拼布蓋飾

使用大量鉤織花紋圖案與同樣大小的YOYO拼布交錯搭配縫合而成的蓋飾，
尺寸的靈活性是重點特色。

約44×44㎝　作法＊P.65

32 花×花的迷你壁飾

將花型圖案縫合後，將鉤織花紋圖案點綴在布花的交叉點上，
增加變化與立體感，流蘇狀的花蕊造型相當特別。

38×38cm 作法＊P.66

33 花籃手提包

將布料製作的立體花朵與鉤針編織的花朵裝飾在袋口，
布料與蕾絲線的色調搭配散發出高雅氣質。

28.5×30cm 作法＊P.66

P.58 **29** 大型拼布壁飾

●材料

拼布用、貼布縫各式拼接用布　八角形花紋圖案A用表布110×80cm　扇貝形用布 110×120cm（包含扇貝形用裡布）　八角形花紋圖案用裡布110×220cm　單膠拼布棉100×320cm　1.2cm寬花型蕾絲4個　直徑0.7cm鈕釦4個　直徑0.4cm鈕釦、寬0.8cm星型鈕釦各2個　直徑0.2cm珍珠1個　鉤織用線（Olympus Thred（株）的Emmy Grande）、25號金色繡線、5號繡線、燭蕊線、縫紉用棉線、繡線各色各適量

●作法順序

縫製八角形的花紋圖案A至C與扇貝形圖案A、B→將布製花紋圖案正面相對疊合捲針縫，縫合成1片→製作99個鉤織花紋圖案，中間留下間隙。

●作法重點

○八角形花紋圖案C為圖案ㄅ至ㄩ的貼布縫，刺繡（圖案的詳細解說原寸紙型B面⑮）。

○在貼布縫邊緣縫上落針壓線。

○八角形花紋圖案與扇貝形圖案的作法P.67「貼布製花紋圖案／八角形花紋圖案」。

○鉤織花紋圖案作法P.68，繡法P.13。

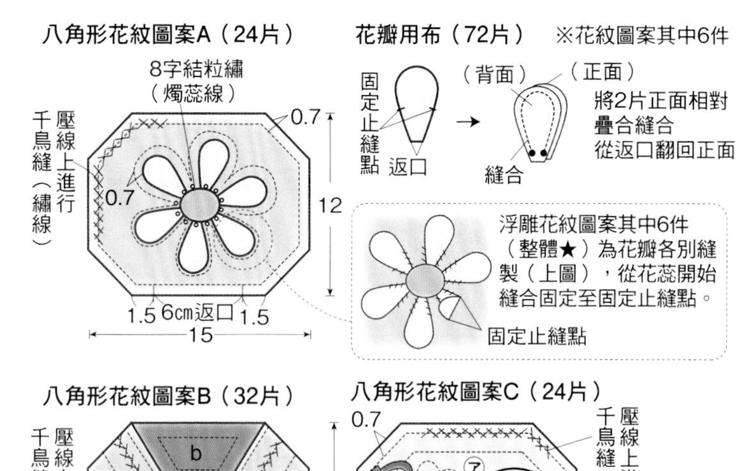

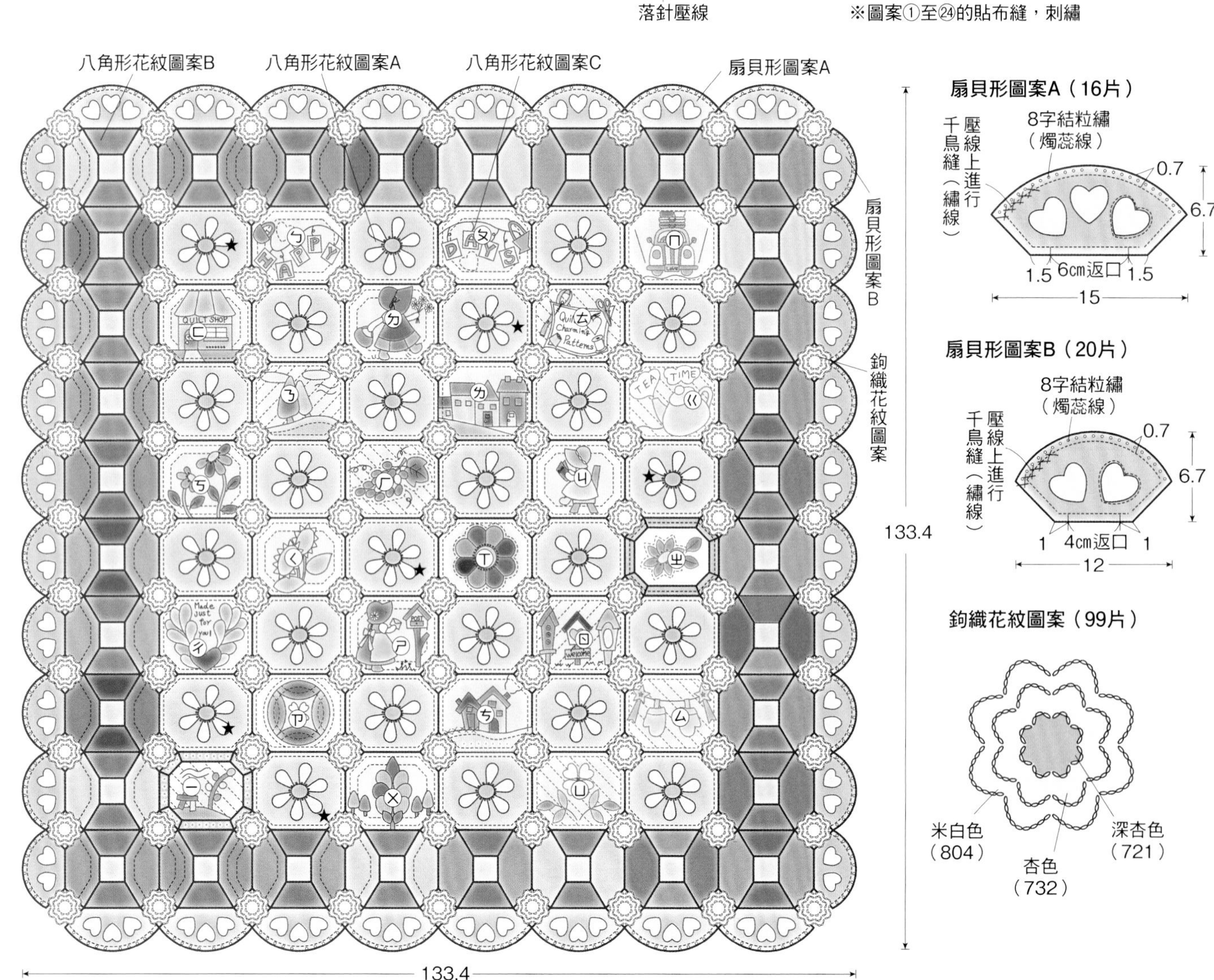

P.60 30 桌墊

●材料

拼布用、貼布縫各式拼接用布　八角形花紋圖案A用表布60×35cm　八角形花紋圖案B用表布40×30cm　扇貝形用布60×80cm（包含扇貝形用裡布）　八角形花紋圖案用裡布90×35cm　單膠拼布棉80×70cm　鉤織用線（Olympus Thred(株)的Emmy Grande）、粉紅色燭蕊線、米白色燭蕊線、米白色繡線各適量

●作法順序

製作德勒斯登圓盤拼布圖案，縫製B的貼布縫→以花縫製A的貼布縫→製作八角形的花紋圖案A、B與扇貝形圖案A、B→將布花正面相對疊合進行捲針縫，中間留下間隙。

●作法重點

○八角形花紋圖案A與扇貝形圖案A、B為39，八角形花紋圖案B為29的圖案㊦為共同（只有刺繡不同）。

○八角形花紋圖案A 5片中，其中1片（整體圖★）將花瓣各別縫製，從花蕊開始縫合固定至固定止縫點（作法與No.29共同）。

○八角形花紋圖案與扇貝形圖案的作法P.67「貼布花作法／八角形花紋圖案」。

○鉤織花紋圖案作法P.68，繡法P.13。

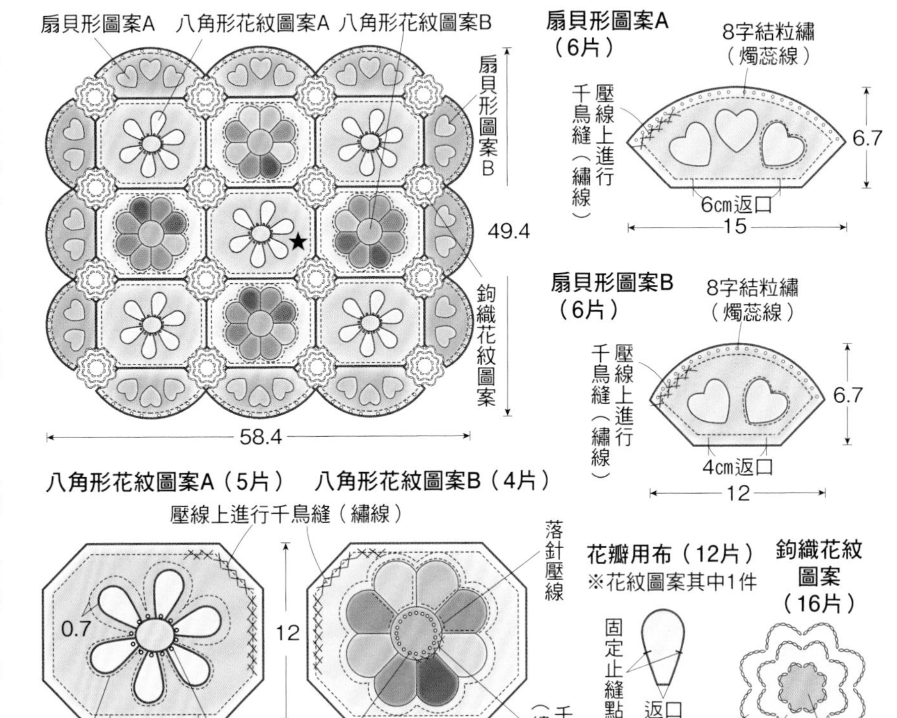

P.61 31 蓋飾

●材料

YOYO拼布用各色拼接用布　鉤織用線（Olympus Thred（株）的Emmy Grande）各適量

●作法順序

製作YOYO拼布60片→製作鉤織花紋圖案61片→將YOYO拼布上放置鉤織花紋圖案後縫合

●作法重點

○鉤織花紋圖案作法P.68。

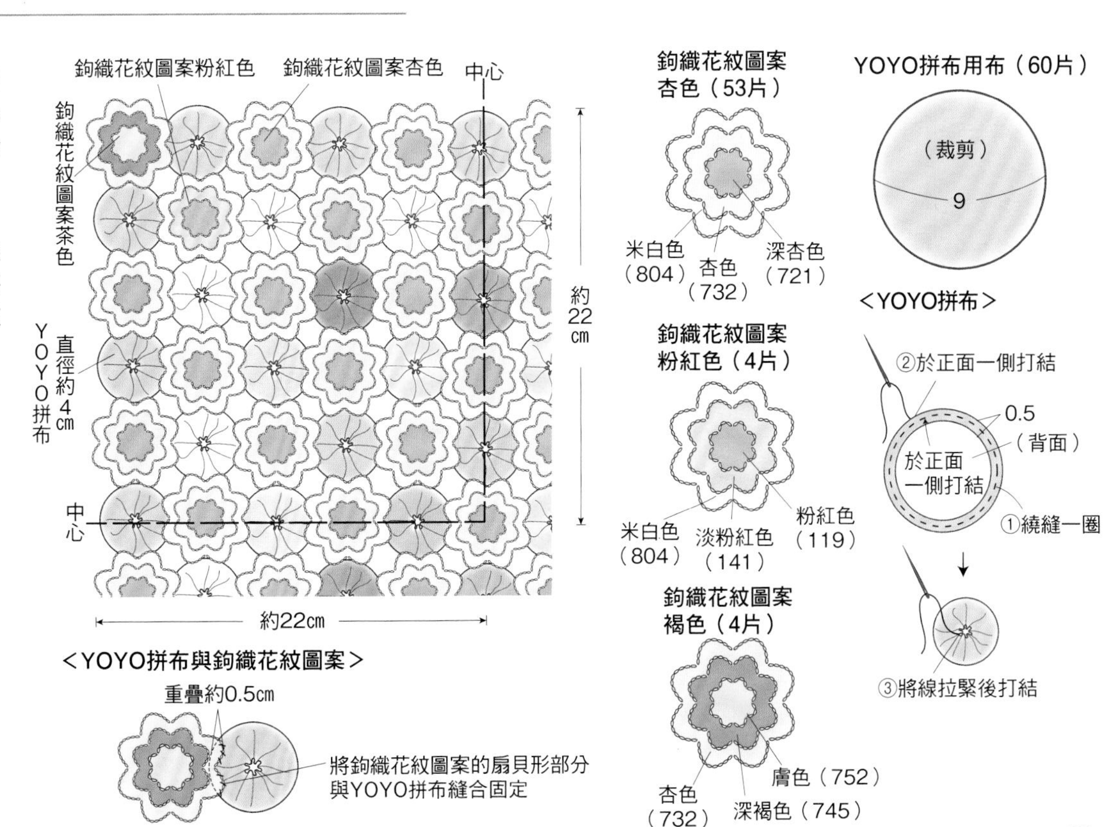

P.62 32 迷你壁飾

●材料

花型圖案用各式拼接用布　花蕊用布、流蘇用麻布各 25×25cm　單膠拼布棉、裡布各 60×60 cm　鉤織用線（Olympus Thred(株)的Emmy Grande）、米白色燭蕊線、米白色繡線各適量

●作法順序

製作花型圖案→將布花正面相對疊合捲針縫，縫合成1片→製作鉤織花紋圖案，固定在中間的間隙。

●作法重點

〇花紋圖案的作法P.67「布花／花型花紋圖案」。

〇鉤織花紋圖案作法P.68，繡法P.13。

※花型圖案原寸紙型B面⑥。

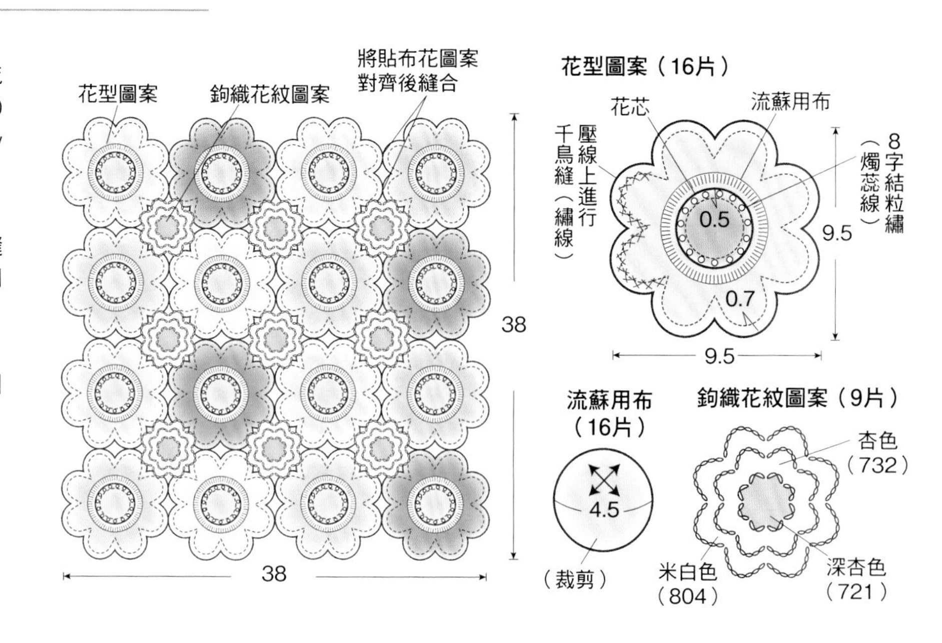

P.63 33 花籃手提包

●材料

花瓣用布30×35cm　包釦用布10×10cm　A用布（正中央）30×25cm　A用布（左右）2種各 60×30cm　袋底用布25×25 cm　單膠拼布棉、裡布、裡袋用布各100×40cm　滾邊用寬3.7 cm　斜布條80cm　直徑1.5cm包釦芯6個　2cm寬提把1組　包釦用拼布棉5×5cm　鉤織用線（Olympus Thred(株)的Emmy Grande）、粉紅色燭蕊線、深綠色繡線各適量

●作法順序

製作與A連接的前片與裡袋的表布→前片與後片的表布與袋底邊上拼布棉，將裡布疊合後壓線→製作內口袋→將袋口滾邊→將提把縫合固定→製作花朵與葉子的花紋圖案，縫合至表布上。

●作法重點

〇鉤織花紋圖案作法P.68，包釦的縫法P.8，繡法P.13。

※A與袋底、花瓣、葉子圖案原寸紙型B面⑦。

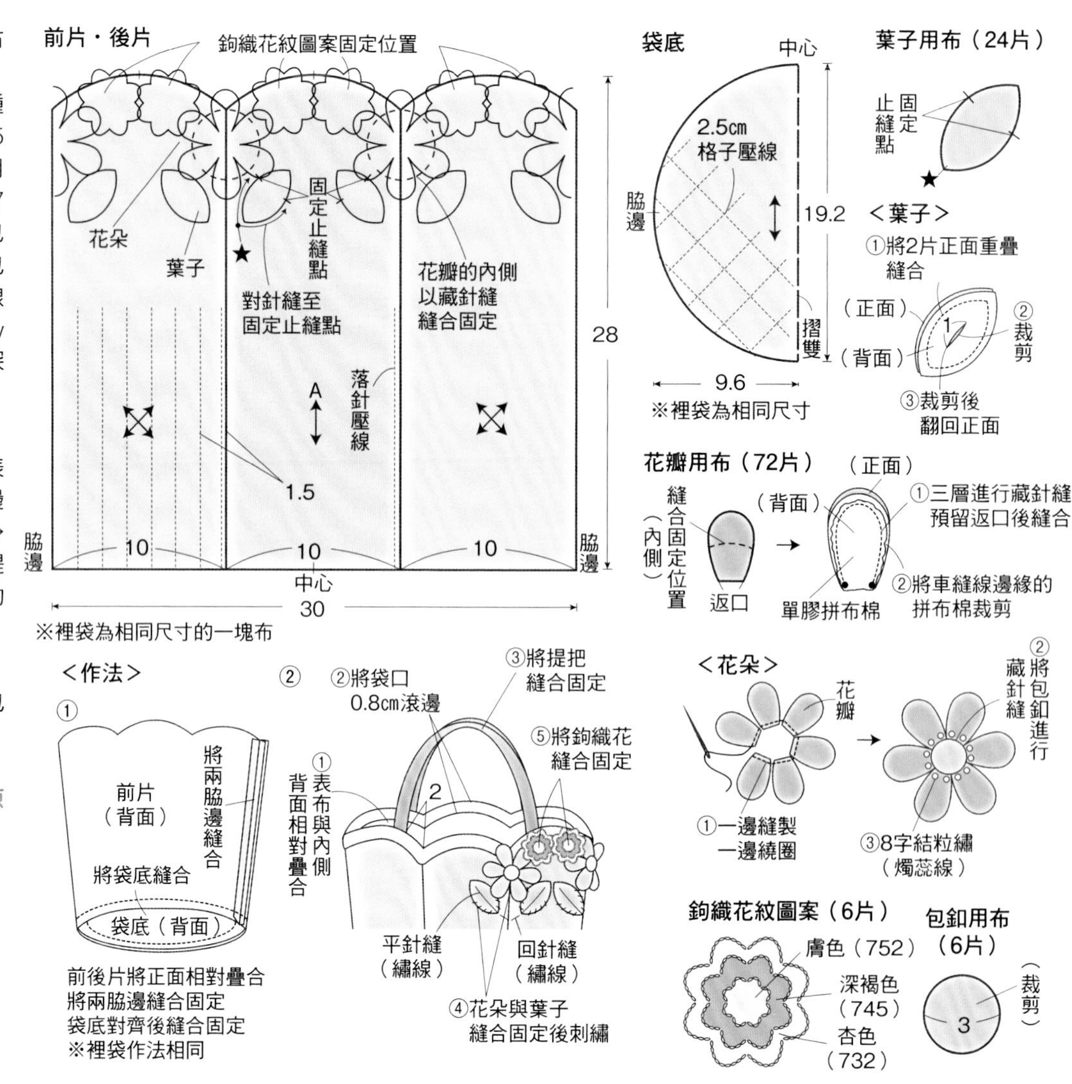

●貼布花紋圖案

＊八角形的花紋圖案

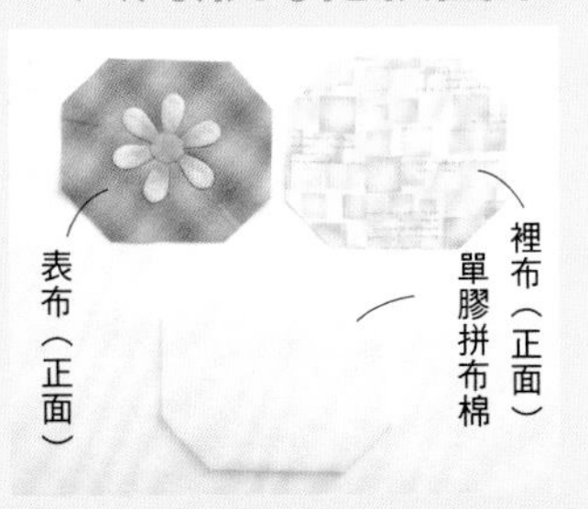

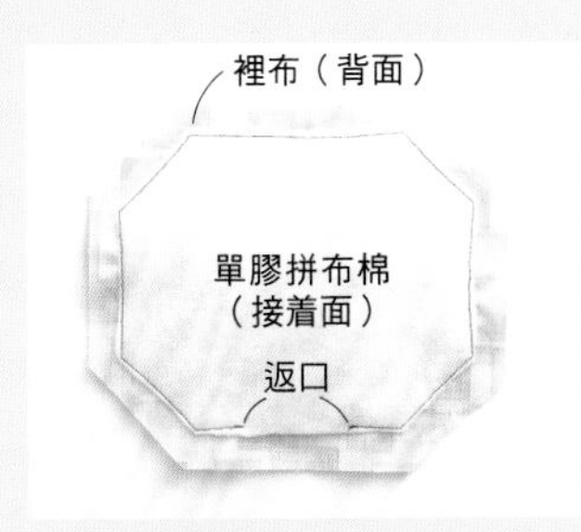

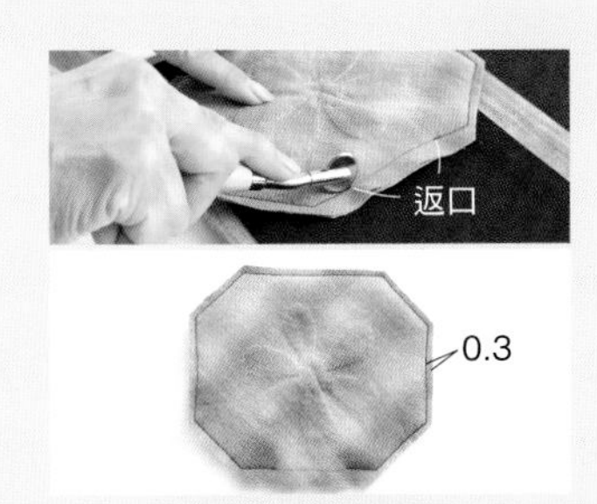

1 貼布縫用的表布，將比表布稍大一些的裡布與拼布棉裁剪備用。

2 將表布與裡布正面相對疊合，重疊在上膠面朝下的拼布棉上面，以珠針暫時固定。

3 沿著記號車縫，預留返口，將車縫線邊緣的拼布棉裁剪。

4 以實線點線器（刀刃為平整狀）沿著表布的返口記號上畫上痕跡，返口邊緣以外的部分將縫份裁剪至0.3cm。

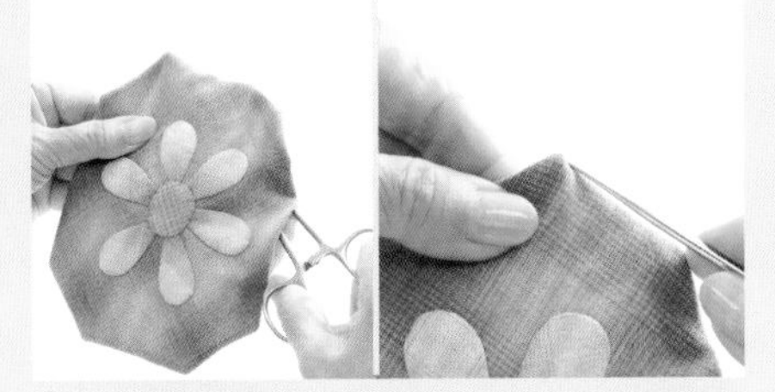

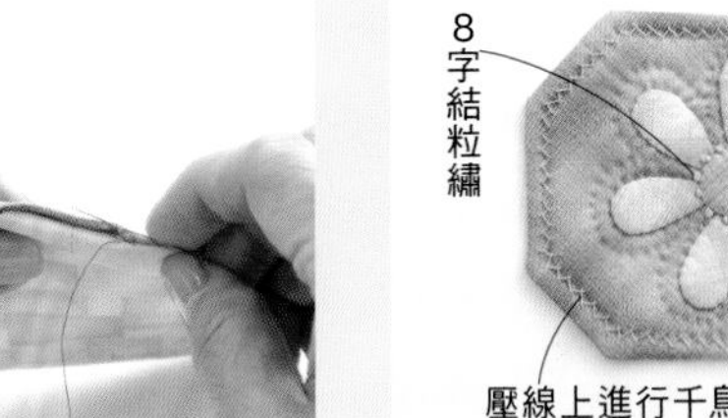

5 從返口翻回正面，以鉗子從內側將邊角壓出來，從正面以木柄錐子將邊角拉出。

6 以熨斗將拼布棉燙貼完成後，返口以藏針縫縫合固定。

7 縫上壓線，加上刺繡，刺繡時，繡到拼布棉為重點。

＊花型的花紋圖案

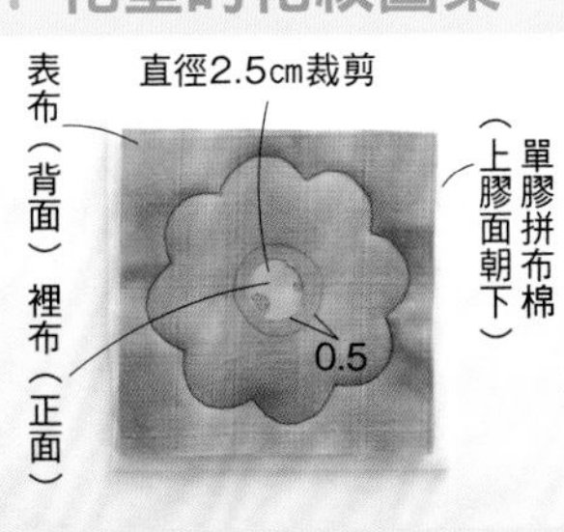

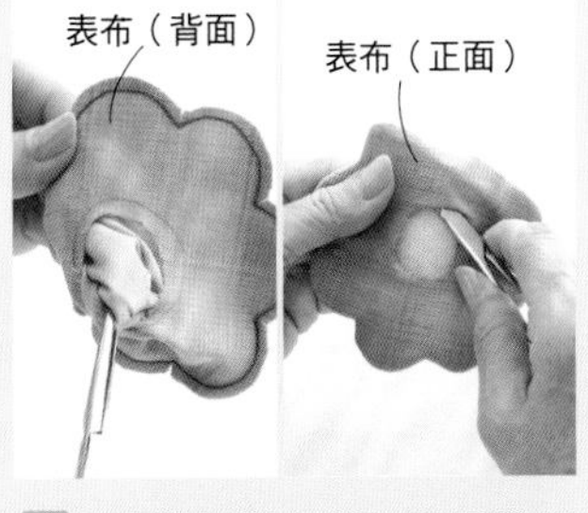

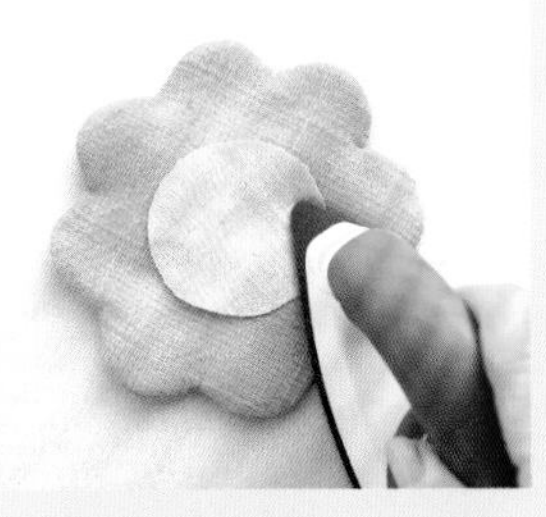

1 將記號描繪在背面，中心裁剪的表布與裡布正面相對疊合。重疊在上膠面朝下的拼布棉上面，沿著記號縫合。

2 將車縫線邊緣的拼布棉裁剪。，將縫份裁剪至0.5cm。裁剪凹入部分之縫份。

3 以鉗子從中央的孔洞將裡布與拼布棉拉出後翻回正面。接著以鉗子的尖端將縫份沿著形狀作調整。

4 流蘇用布重疊在中央的孔洞。上方以熨斗將拼布棉燙貼完成。

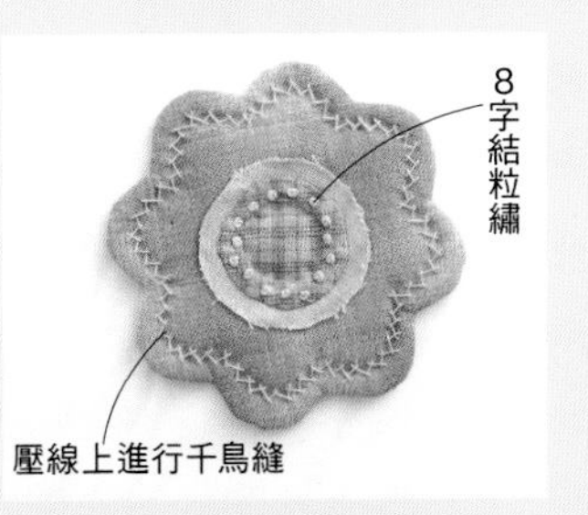

5 將周圍繞縫一圈，將形狀調整成圓形的花紋圖形備用。

6 在流蘇用布上縫製貼布縫。這時只要縫製到拼布棉的位置。

7 縫上壓線，加上刺繡。

8 以木柄錐子將流蘇用布邊端的直線拔除，就能夠呈現流蘇狀了！

鉤織花紋圖案

※為了方便理解，因此會將線替換作說明。

＊作法  線織出環的作法

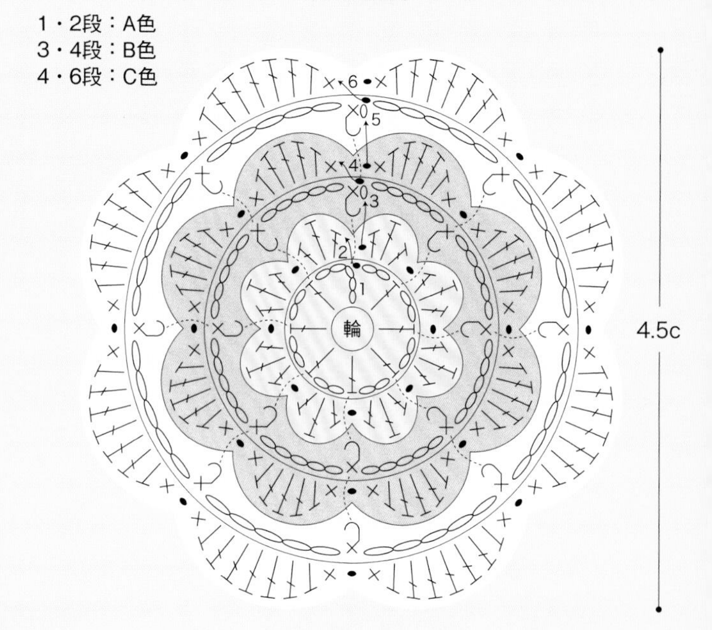

※2・4・6段的Ŧ・T・×為前段的鎖針整束鉤入。

※3・5段的Ꭓ為前段略往前倒，和前前段作一裡引短針。

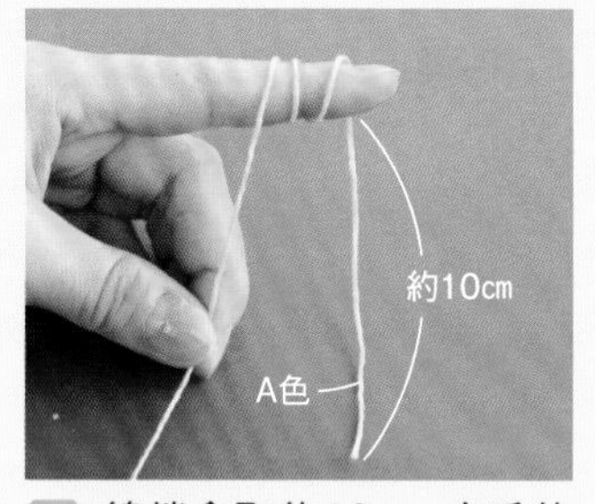

1 線端拿取約10cm，左手的食指將A色的線繞2圈後作成環狀。

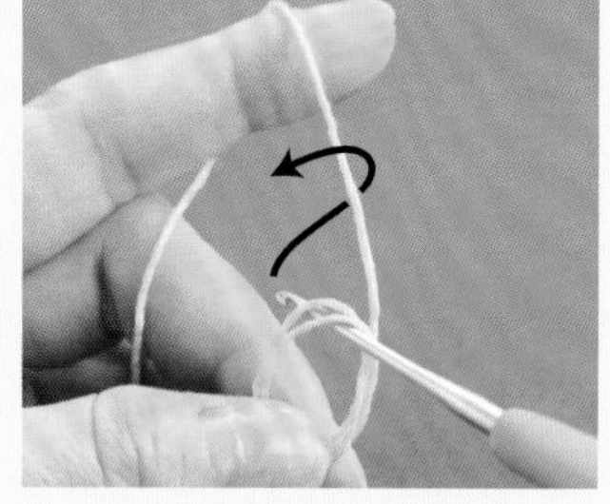

2 取下環後用左手拿著，把針穿過環的中間，照箭頭的方向將針勾住線後拉出。

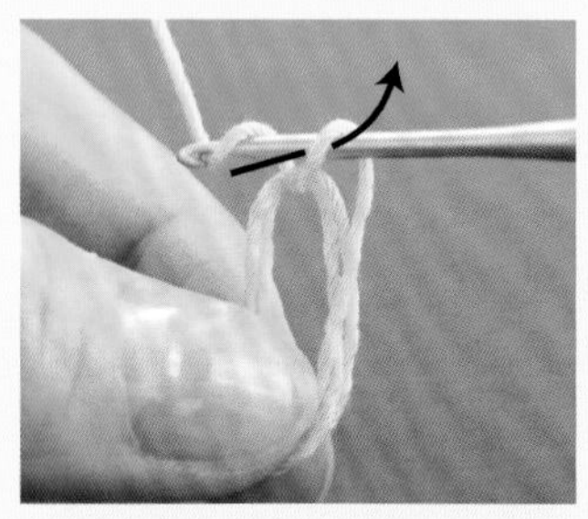

3 拉出後，將針勾住線，順著箭頭的方向引拔出。

4 線環製作完成。

＊第1段

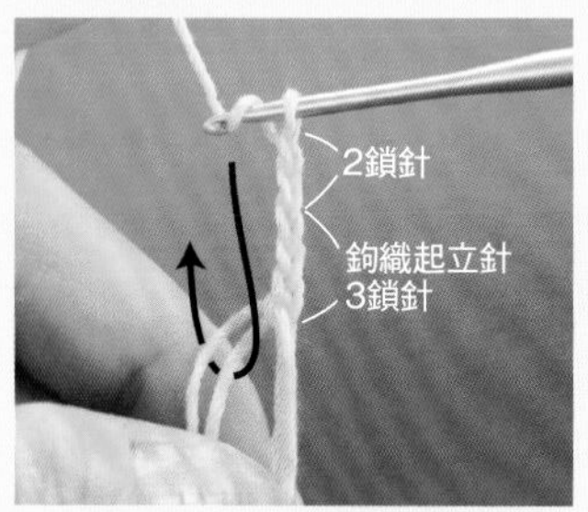

1 鉤織起立針3鎖針＋2鎖針，將針勾住線後順著箭頭的方向穿過線圈，鉤織長針。

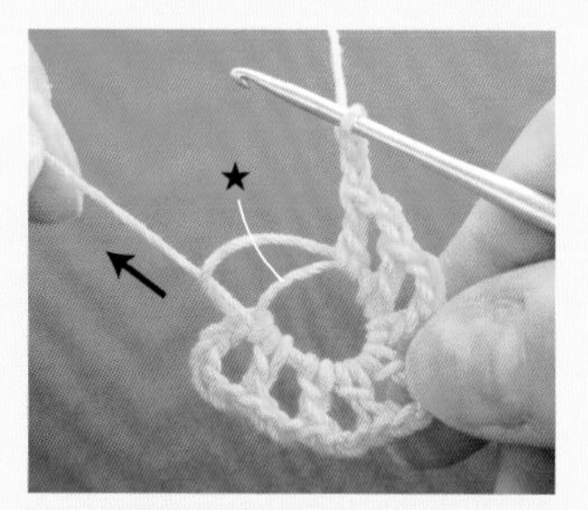

2 重覆2鎖針與長針，鉤織出第1段。將線端輕輕拉扯，製作的線環圈圈的一邊（★）就會稍微縮小。

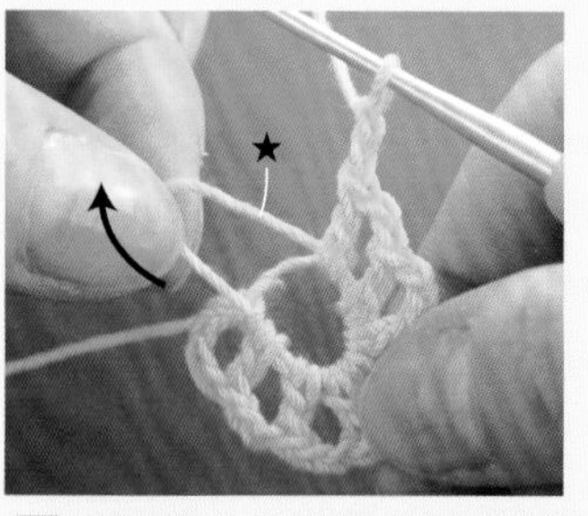

3 將2縮小的圈圈（★）往頭的方向拉扯，讓其中一圈收緊。

4 其中一圈收緊完成。將線端拉扯，讓剩下的圈圈（★）收緊，讓中央的孔洞完全不見。

5 箭頭的方向穿過鉤織起立的3鎖針，引拔出來後鉤織完成。

6 第1段鉤織完成。

＊第2段

編織圖第2段開始鉤編，第2段最後是將B色引拔出來後鉤織完成。

＊第3段 短針 裡引短針編目

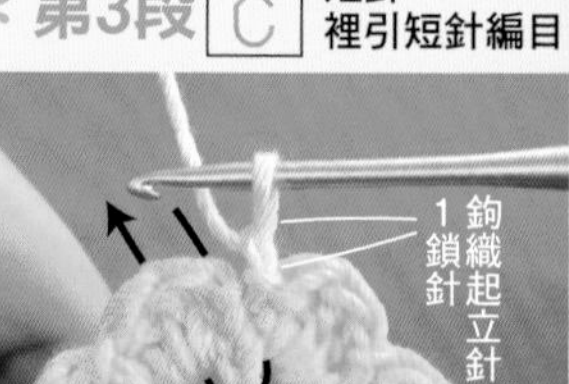

1 鉤織起立1鎖針，順著箭頭往內側穿過鉤針，勾住第1段的線環。

2 第二段往前段倒放，將針勾住線後順著箭頭方向拉出。

3 針勾住線，順著箭頭再一次引拔出來。

4 鉤織短針的裡引短針。

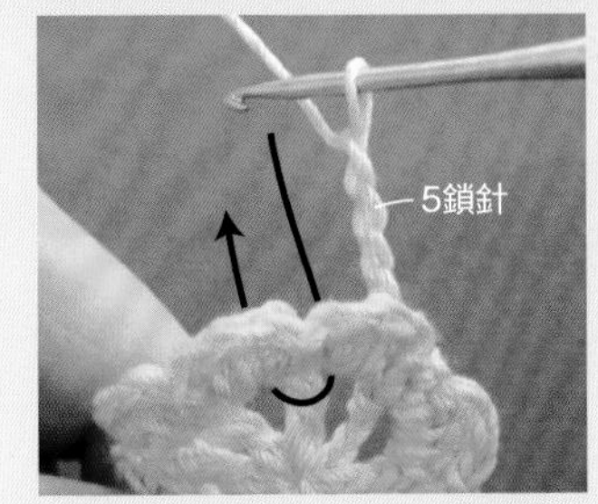

5 勾出5鎖針。同樣的重覆鉤織短針的裡引短針與勾出5鎖針。

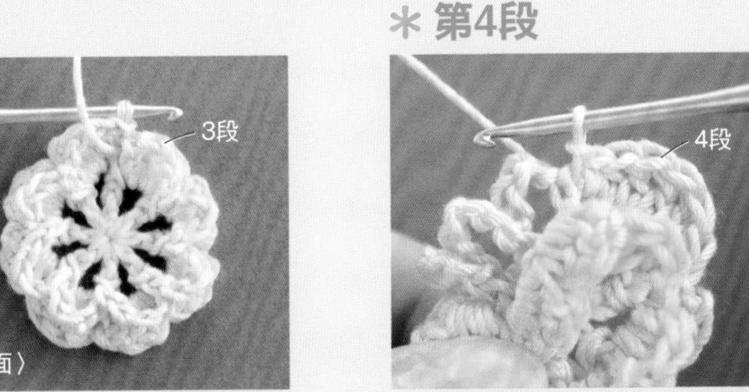

6 鉤編2段。

＊第4段

1 編織圖，從第3段起針挑針後開始鉤織第4段。

2 第4段的最後，以C色引拔出來後鉤織完成。

＊第5段

1 鉤織起立針1鎖針，順著箭頭的內側將針穿過，鉤織短針的裡引短針。

2 鉤織短針的裡引短針。

5段
〈背面〉

3 重覆5鎖針與鉤織短針的裡引短針的鉤織方式將第5段鉤織完成。

＊第6段

編織圖，從5段起針挑針後開始鉤織第6段，花紋圖案即完成。

● 編目記號

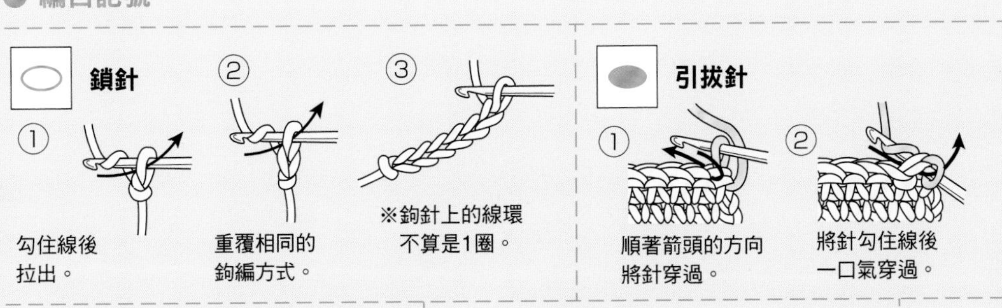

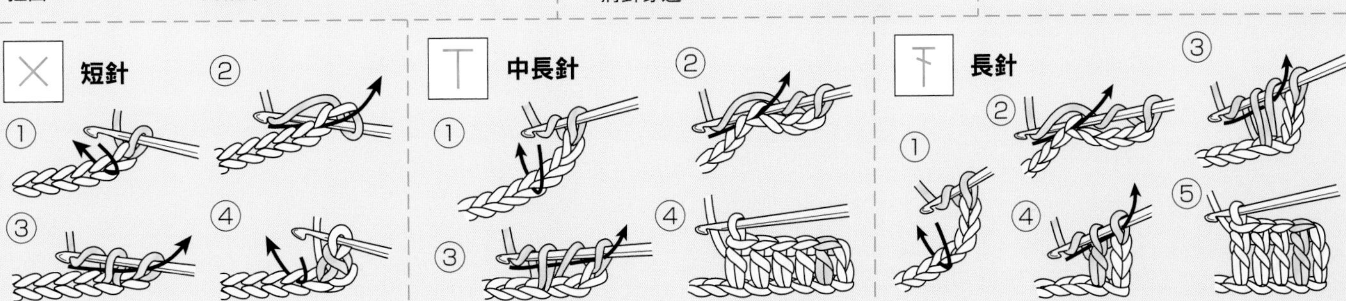

34 花朵化妝包

拼布縫與貼布縫描繪出大花朵，將貼布縫邊端以人字繡繡上，呈現出蓬鬆感。
使用花形蕾絲作為裝飾。

18×18cm　作法＊P.72

35 製作簡單的袋蓋化妝包

袋蓋與表布連在一起的簡單設計，靠近袋口的摺縫設計呈現蓬蓬的感覺，袋蓋以並排的包釦作為裝飾。

10×17.5cm 作法＊P.73

滾邊後的表布與摺疊的脇邊固定，將側身縫合後即完成。

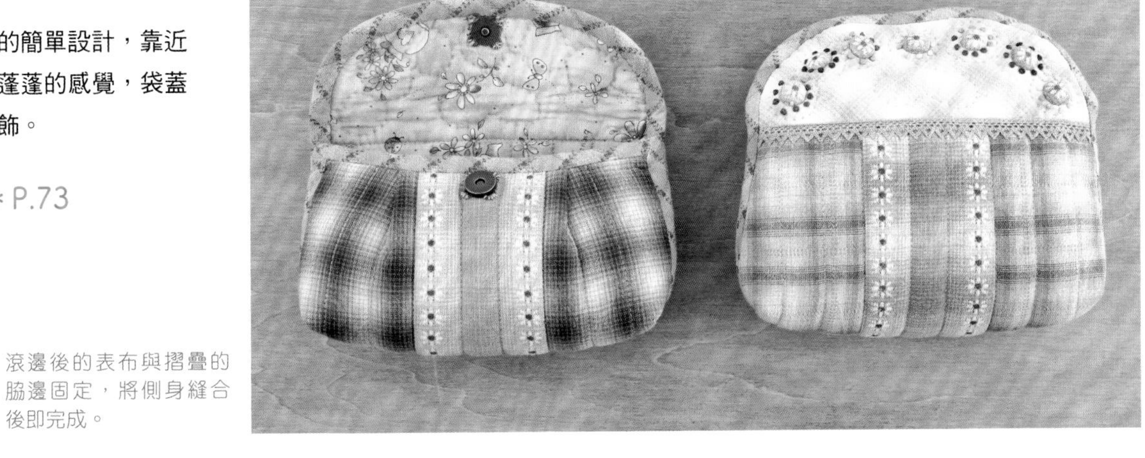

P.74 34 花朵化妝包

●材料（1件的用量）

A、C用布各10×10cm　B用布20×10cm　D至F用布30×60cm（包含後片、側身、包釦）　G用布20×20cm　單膠拼布棉、裡布各35×50cm　長20cm拉鍊1條　直徑3.5cm花形蕾絲1片　1cm寬蕾絲15cm　直徑2cm包釦芯2個　包釦用拼布棉10×5cm　米白色繡線各適量

●作法順序

D至F於G縫製貼布縫→縫製A至F拼縫縫法的前片表布→製作前片・後片與側身→如圖縫製即完成。

●作法重點

○＜前片＞②翻回正面後，以熨斗將拼布棉燙貼完成，壓線。

○包釦的縫法P.8，繡法P.13。

※前片・後片原寸紙型B面①

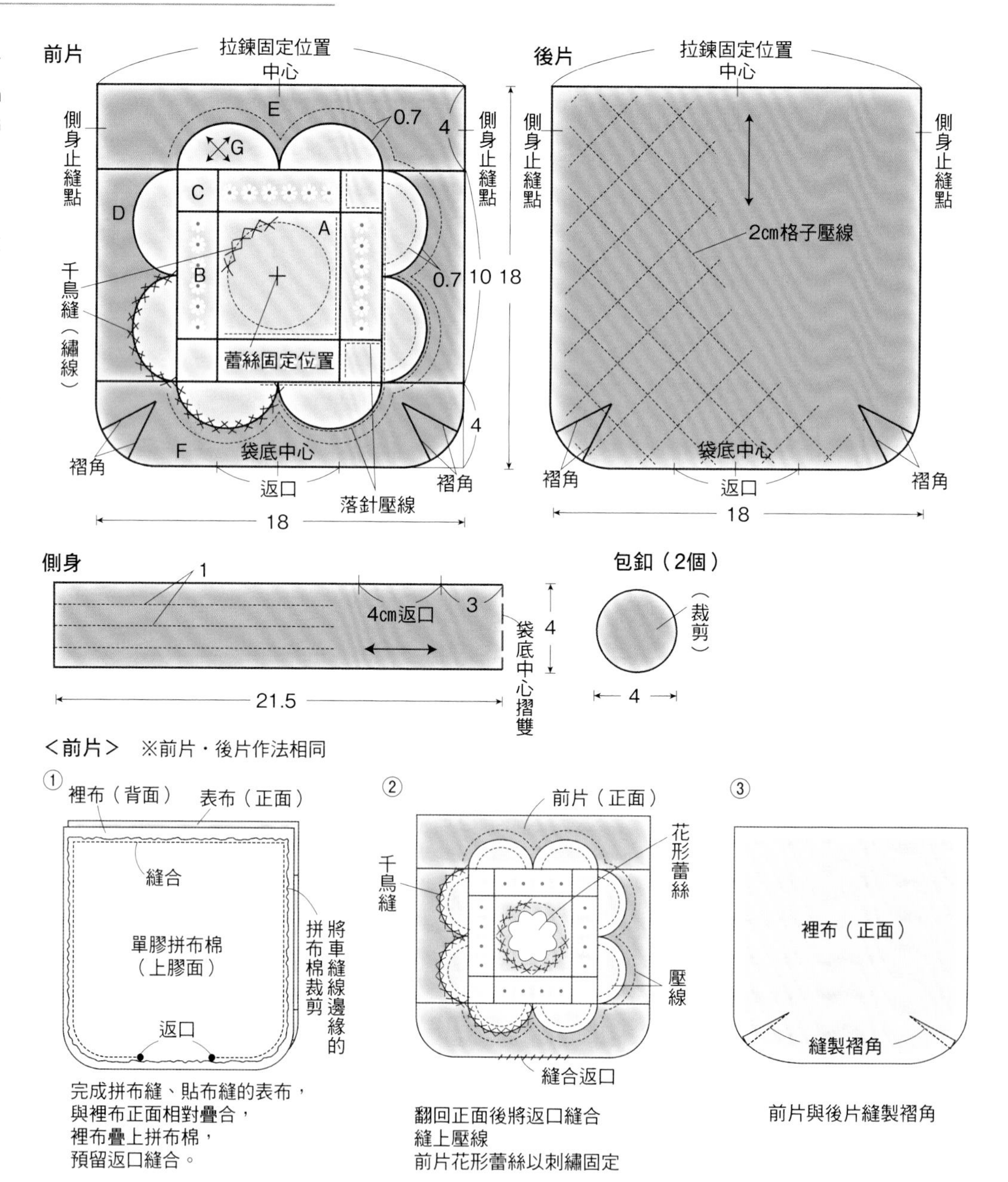

＜作法＞

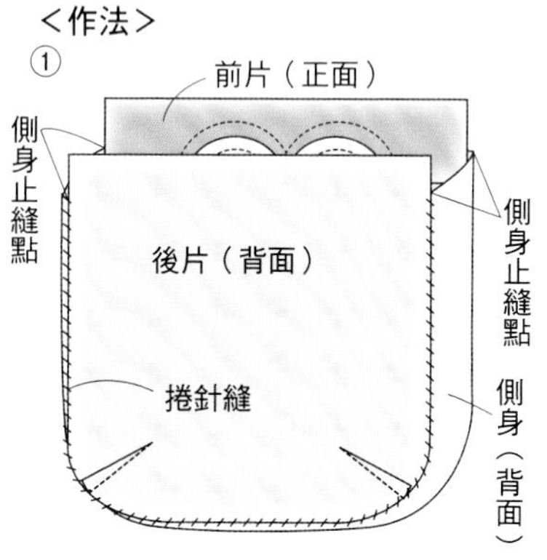

前片・後片與側身正面相對疊合捲針縫至側身止縫點

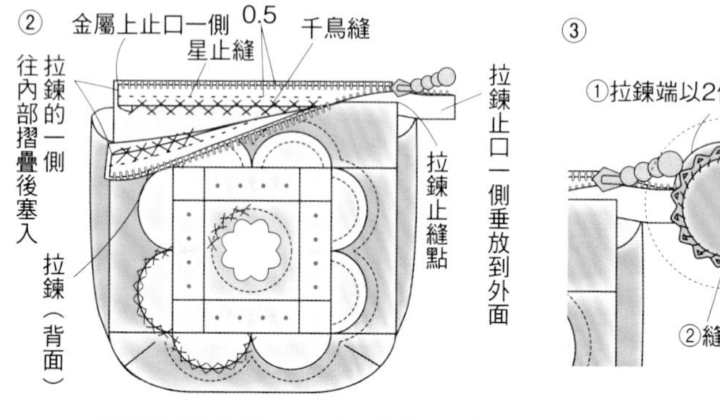

袋口裡布將拉鍊疊上以星止縫縫合固定，拉鍊邊緣縫上千鳥縫。

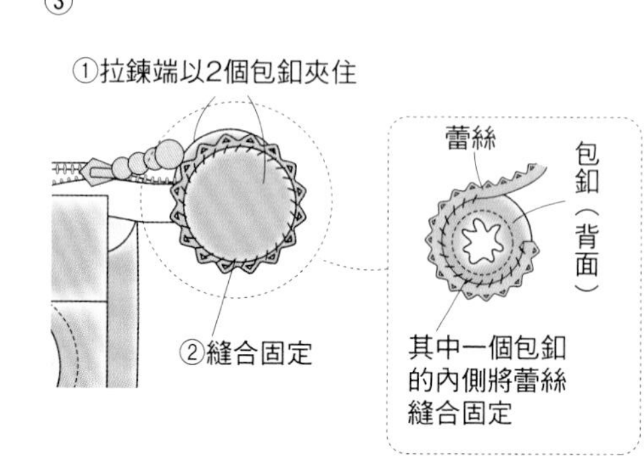

P.71 35 袋蓋化妝包

●材料（1件）

A用布各20×20cm　B・B'用布25×30cm　C用布 25×15cm（包含包釦）　單膠拼布棉、裡布各 25×35cm　滾邊用3.7cm寬斜布條100cm　直徑1.2cm包釦芯7個　包釦用拼布棉10×10cm　1cm寬蕾絲20cm　直徑1.5cm縫合固定式磁釦　燭蕊段染線適量

●作法順序

製作縫製A至C的表布→將表布表布燙上拼布棉→製作包釦，以藏針縫縫合在固定位置上→疊上裡布壓線→如圖縫製即完成。

●作法順序

○包釦的縫法P.8，繡法P.13

○滾邊以邊框滾邊方式完成（P.80）

※表布原寸紙型B面⑩

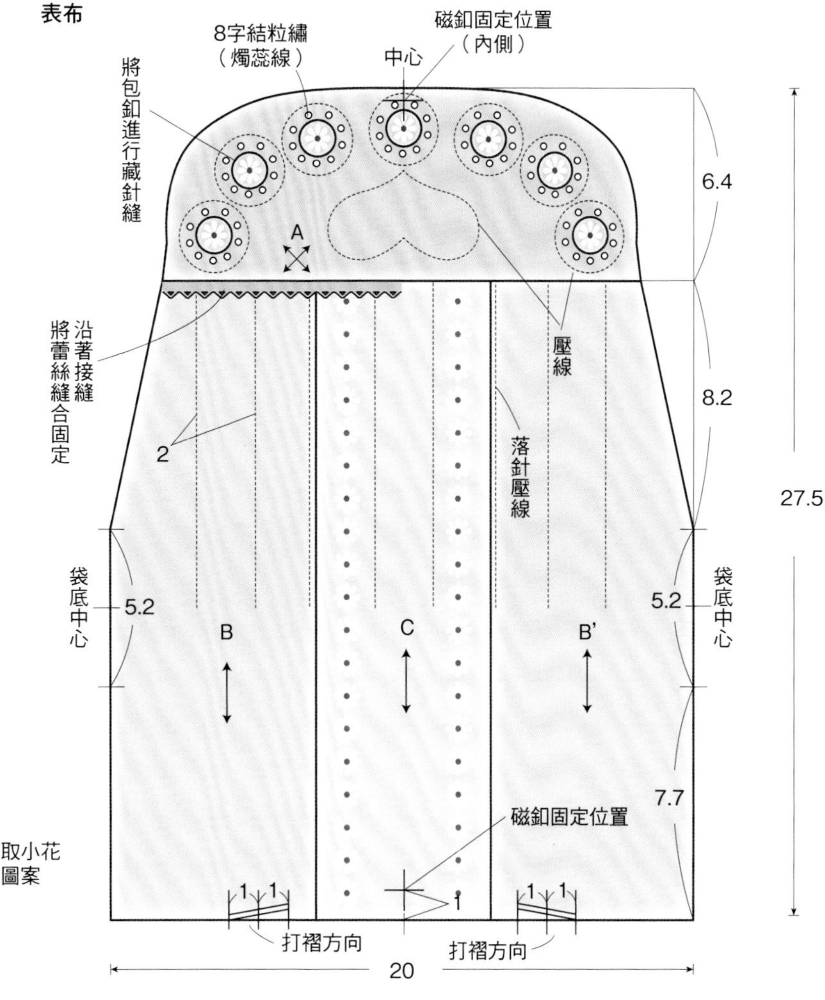

<作法>

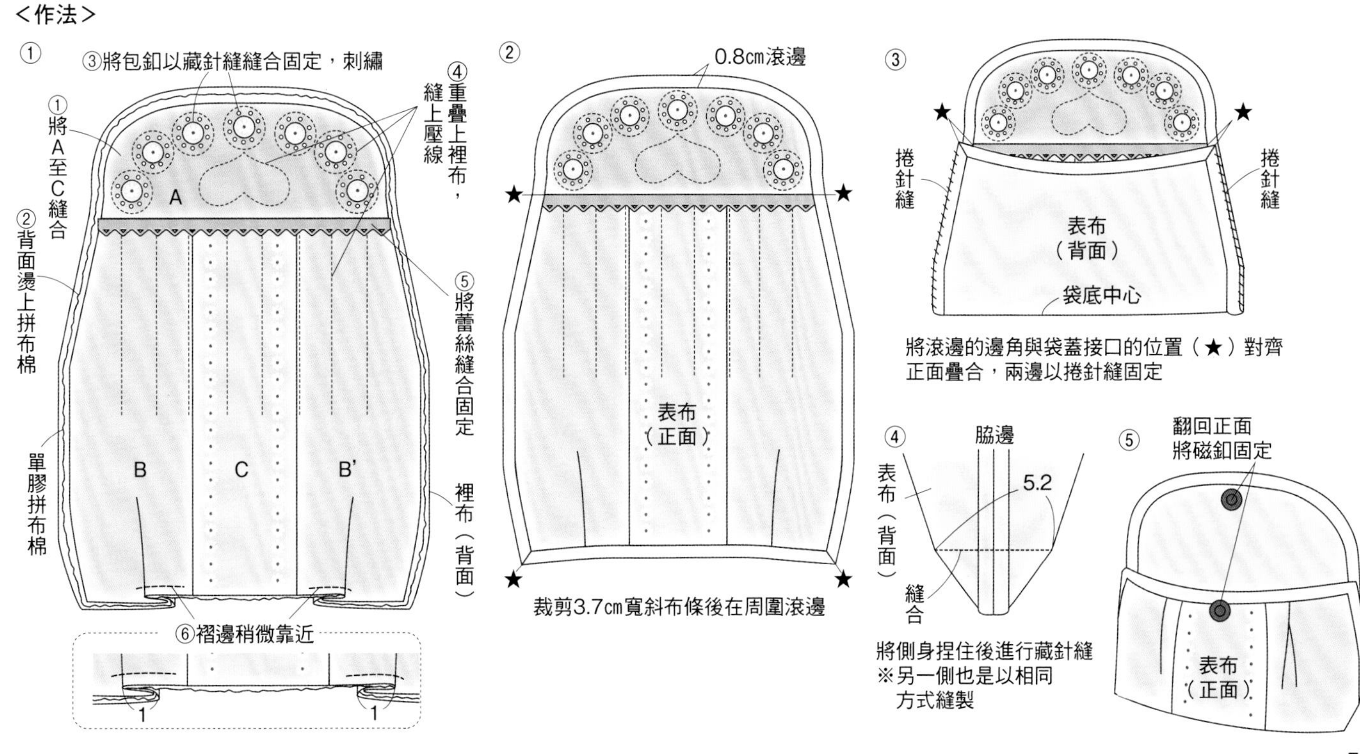

36·37·38　背影也可愛的動物化妝包

從內口袋露出一部分的臉，偷偷探出頭的貓、狗、兔子化妝包。前片的口袋有著各自喜歡動物的貼布縫，後片的口袋可以看到好可愛的尾巴。

16.5×19.5cm　作法＊P.75

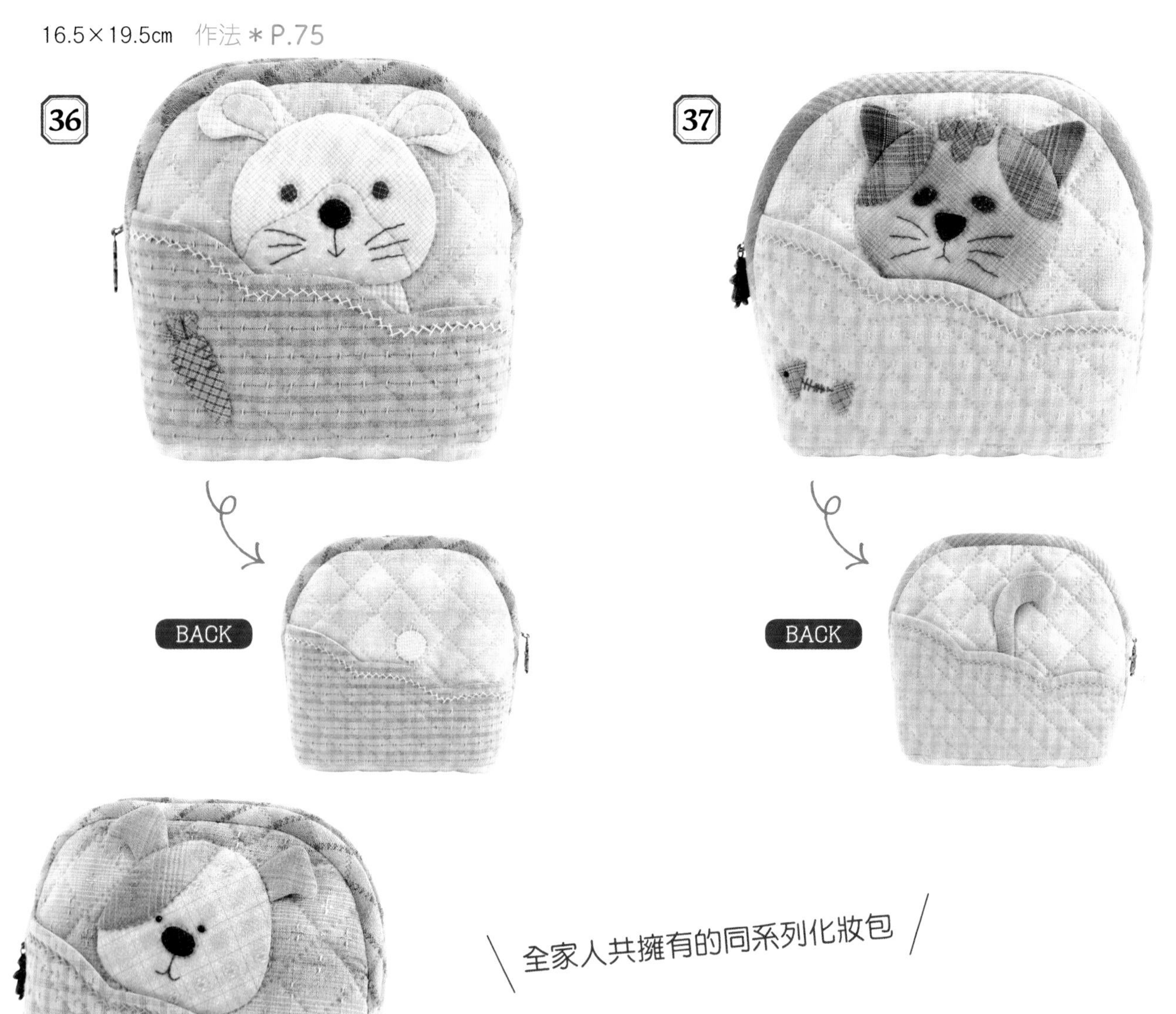

全家人共擁有的同系列化妝包

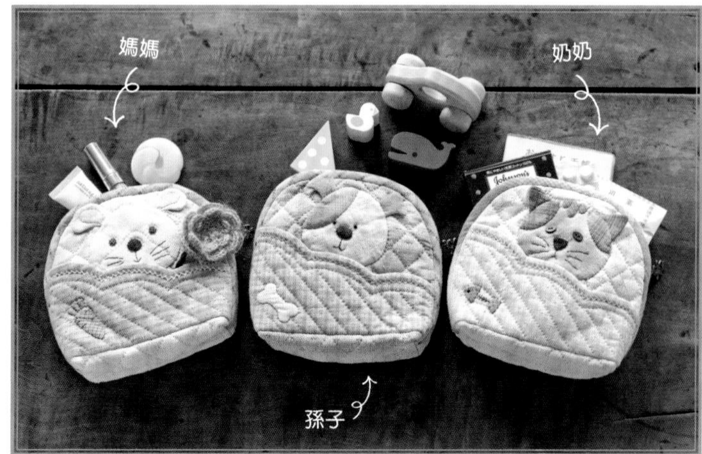

36至38 動物化妝包

●材料

共同　各色貼布縫用布　表布用布 25×45cm　口袋用布25×30cm　單膠拼布棉、裡布各45×45cm　滾邊用寬3.7cm斜布條95cm　長25cm拉鍊1條繡線各色各適量

36　耳朵用布 25×25cm（包含頭、身體、尾巴）

37　耳朵用布 10×10cm　寬1cm鈕釦2個
直徑0.2cm珠子1個

38　耳朵用布 10×10cm　直徑0.3cm珠子2個

●作法順序（相同）

製作耳朵（No.37與No.38是尾巴）→表布用布縫上貼布縫→表布用布燙上拼布棉，將裡布疊上後壓線→製作口袋→於表布位置將口袋縫合固定上→將周圍滾邊→如圖縫製即完成。

●作法順序

◯No.37與No.38的耳朵＆尾巴，
與No.36＜耳朵＞作法相同。

◯No.37與No.38的貼布縫圖案請參考原寸紙型。

◯繡法P.13。

※表布・口袋與貼布縫圖案原寸紙型A面⑪至⑬

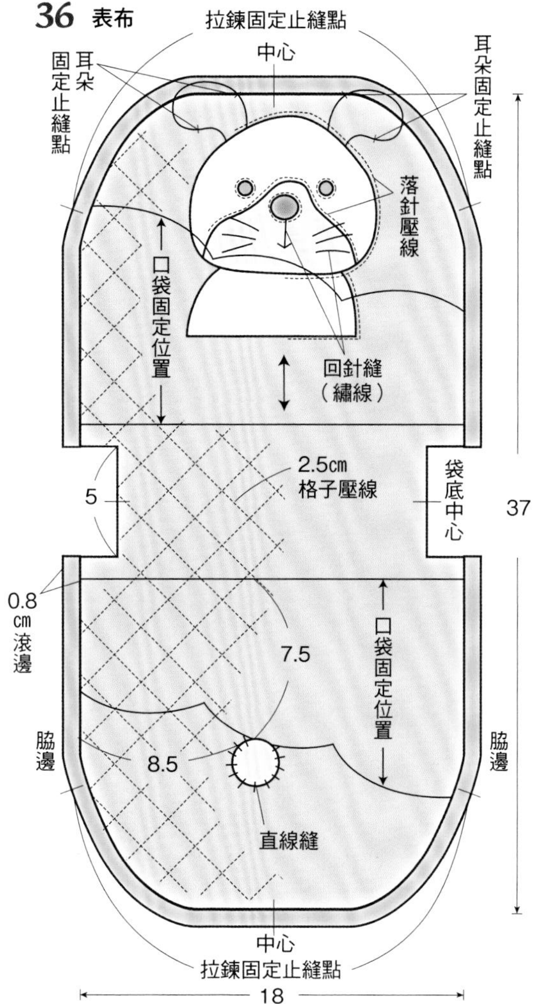

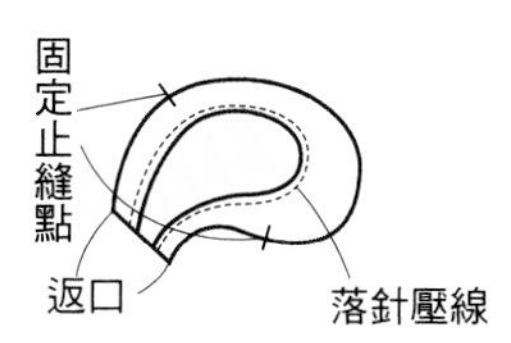

＜耳朵＞

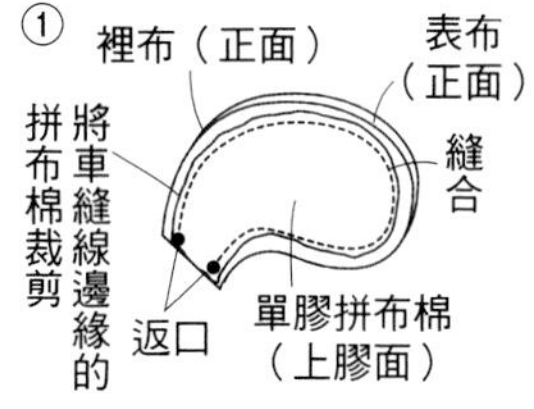

表布跟裡布正面相對疊合
裡布一側重疊上拼布棉
預留返口後縫合，翻回正面

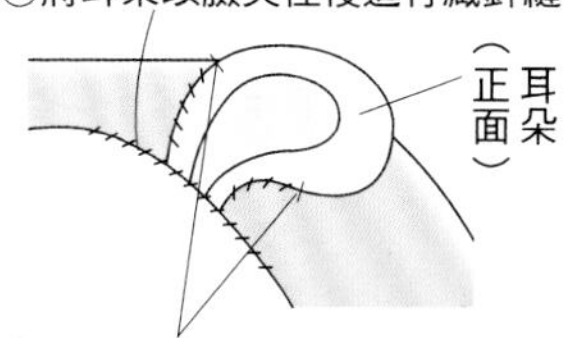

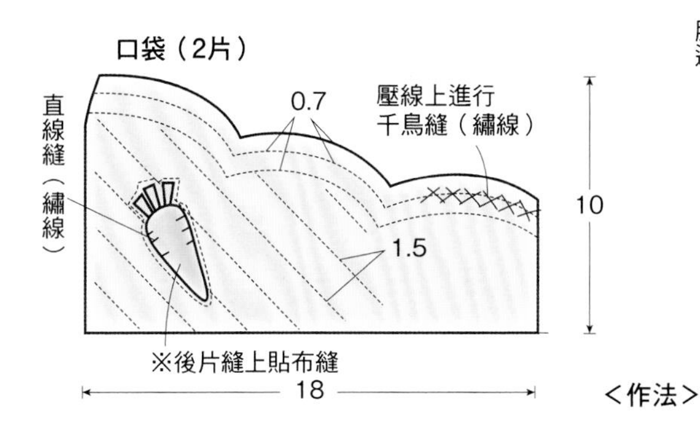

＜口袋＞

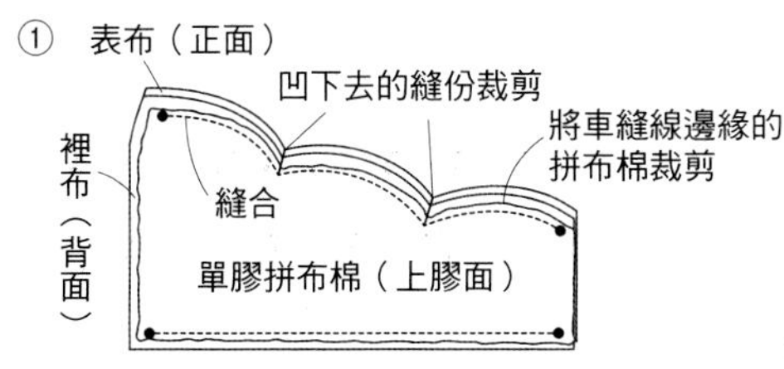

表布與裡布正面相對疊合
裡布一側將拼布棉疊合後，將上下縫合
將縫份裁剪翻回正面

將返口縫合後縫上壓線，刺繡
重疊在表布的固定位置後，袋底進行藏針縫

＜作法＞

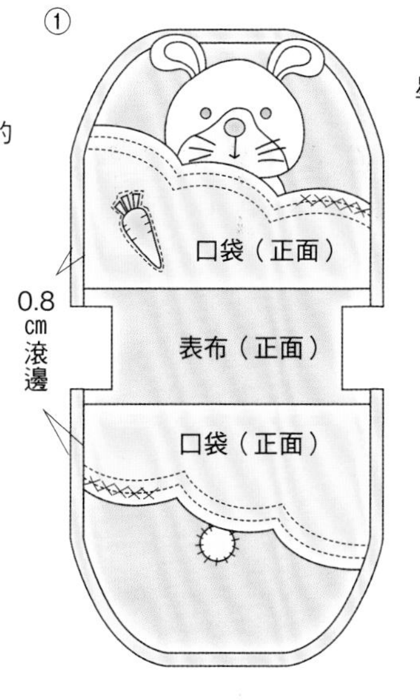

裁剪3.7cm寬斜布條後將周圍滾邊

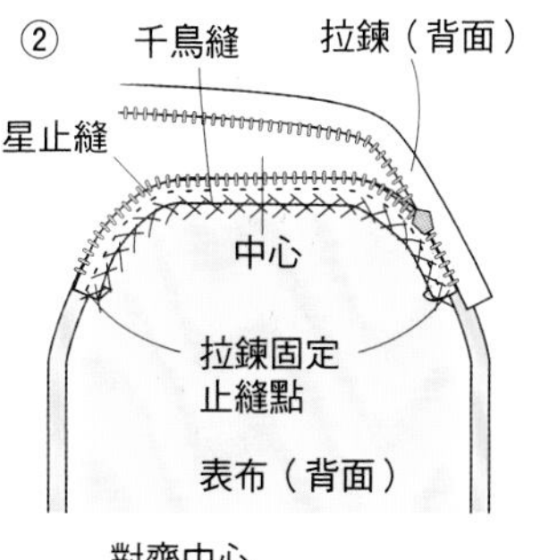

對齊中心
將拉鍊以星止縫
縫合固定在表布袋口
※另一側也是以相同
方式縫製

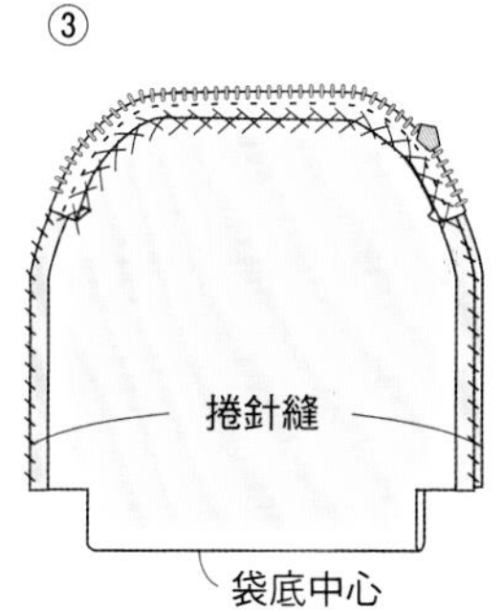

袋底中心開始將正面重疊後對摺
兩脇邊捲針縫至拉鍊固定止縫點

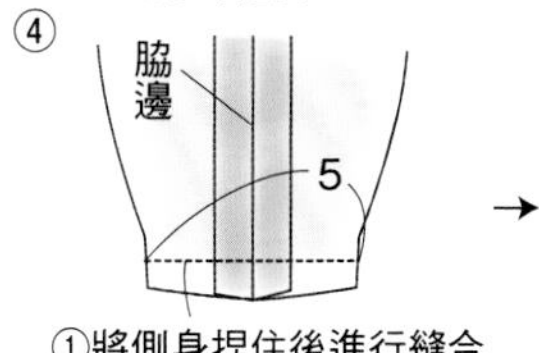

①將側身捏住後進行縫合

→

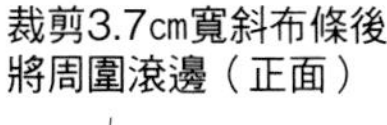
裁剪3.7cm寬斜布條後
將周圍滾邊（正面）

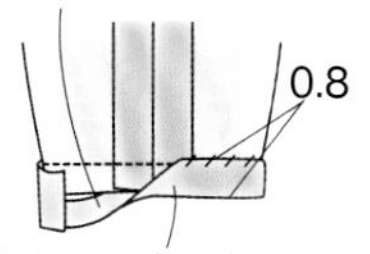

②將縫份滾邊進行藏針縫
※另一側也是以相同方式縫製

39·40·41

有側身的口金化妝包

雖然是小巧的尺寸，因為有側身，所以具有相當大的收納力。
後片附有小小的口袋。口金的轉口是與樸素設計相稱的木製珠子。

9.5×12.5cm 作法＊P.77・P.78

39至41 有側身的口金化妝包

●材料

共同　裡袋、單膠拼布棉、裡布各30×40cm　內徑12cm木製珠子縫式口金1個　杏色燭蕊線適量

39　拼布用各色拼接用布　B用布25×40cm（包含後片、側身、C用布）　1cm寬蕾絲15cm

40　各色貼布縫用布　表布15×50cm（包含口袋用布）　側身用布10×30cm　1cm寬蕾絲15cm　淡粉紅色燭蕊線、深褐色繡線各適量

41　各色貼布縫用布　A用布30×20cm（包含後片）　B用布10×10cm　側身用布40×15cm（包含口袋）　花形蕾絲1個　直徑1.2cm包釦芯2個　包釦用拼布棉10×10cm　心形鈕釦1個　0.8cm寬蕾絲40cm　直徑0.3cm圓形細繩10cm　褐色繡線各適量

●作法順序

縫製貼布縫或是拼布用的前片與內口袋上方→前片・後片・側身上方燙上拼布棉後，將裡布疊上壓線→製作內口袋→刺繡→參閱P.78作法。

●作法順序

◯包釦的縫法P.8
◯繡法P.13

※前片・後片、側身、口袋與貼布縫圖案原寸紙型B面③至⑤

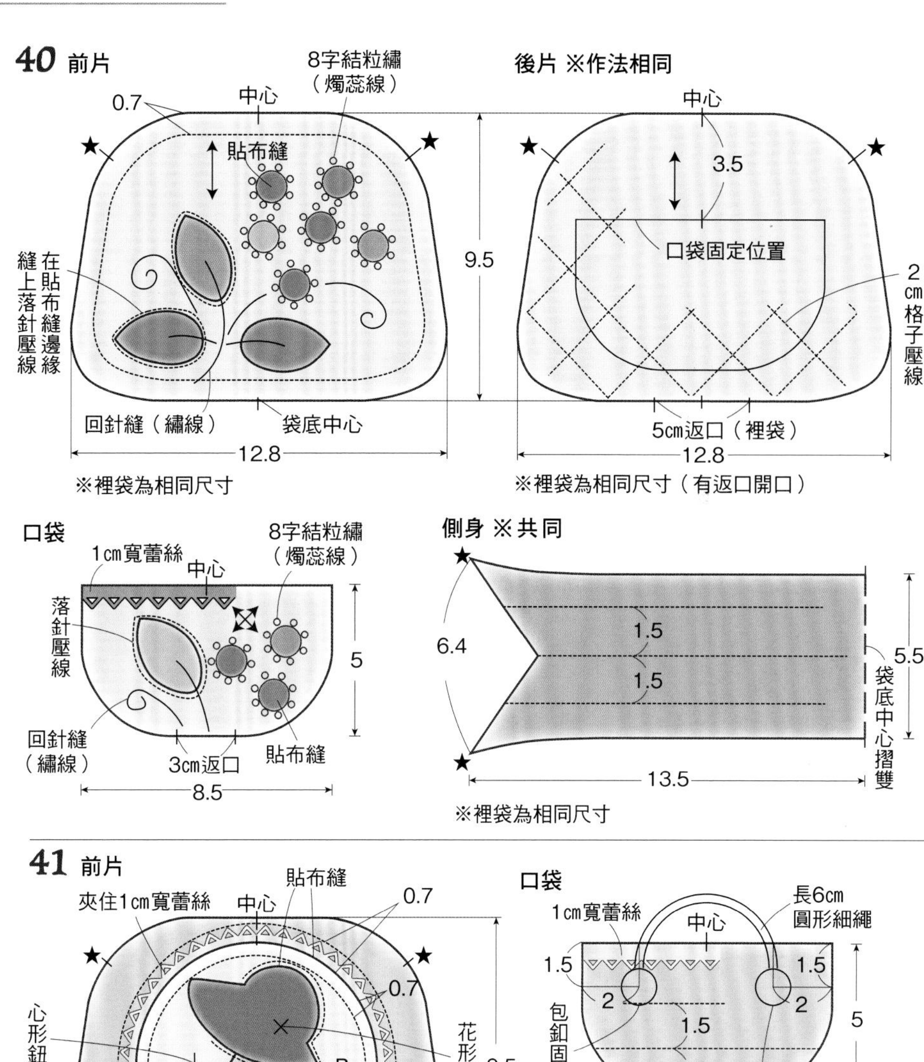

<內口袋> ※作法相同

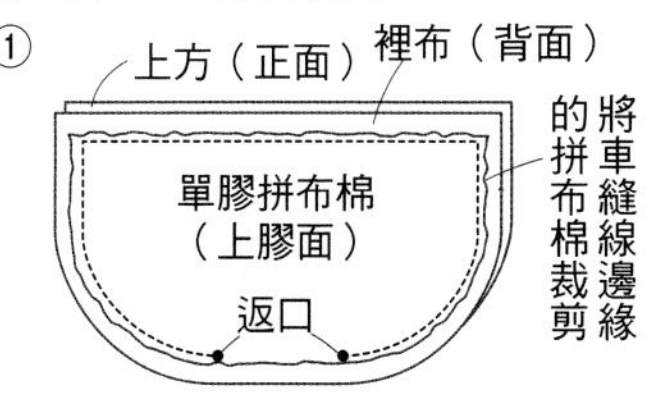

貼布縫、拼布完成的上方與裡布、拼布棉如圖示疊上，預留返口後縫合

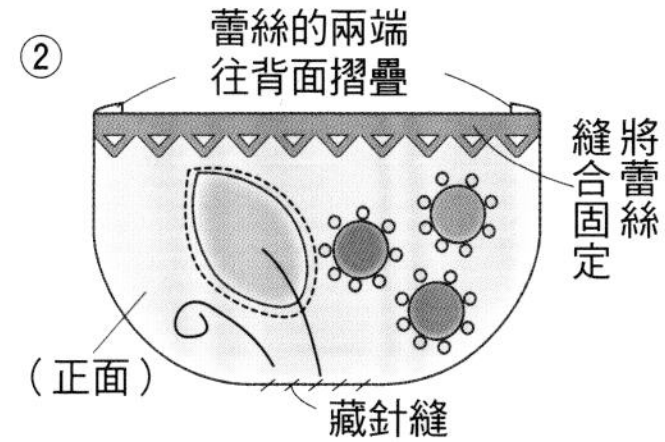

翻回正面後，以熨斗將拼布棉燙貼完成，將返口縫合
壓線並刺繡，將蕾絲縫合固定於袋口。
重疊在壓線完成的後片位置
預留袋口位置進行藏針縫

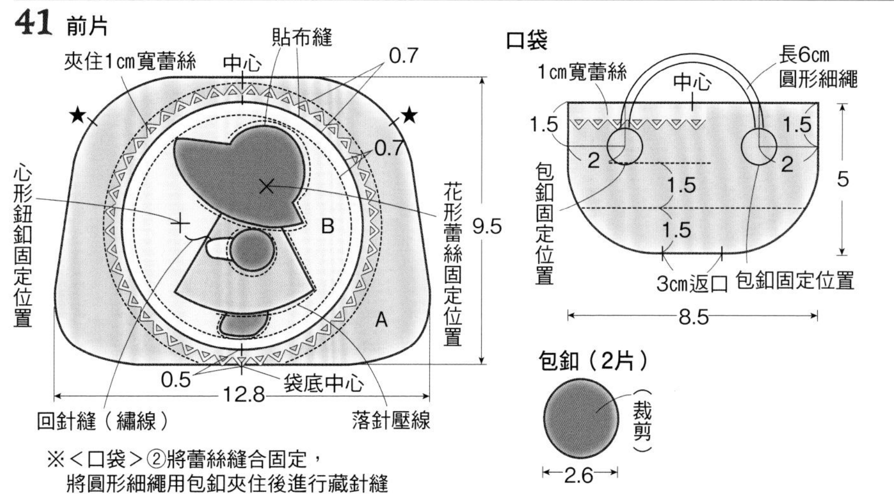

※<口袋>②將蕾絲縫合固定，
將圓形細繩用包釦夾住後進行藏針縫

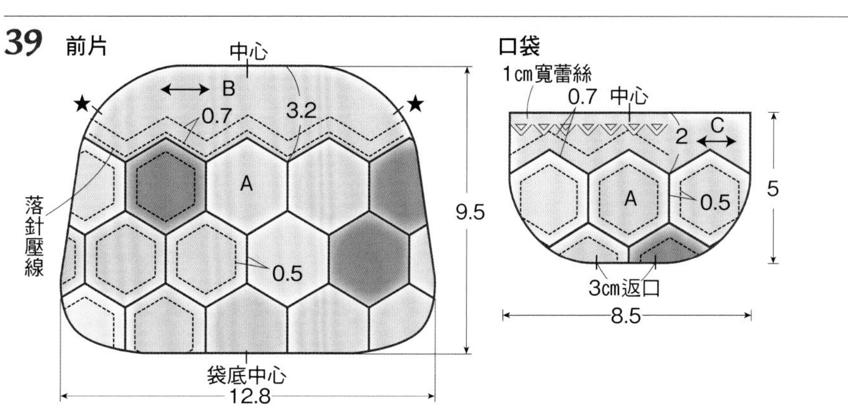

●口金化妝包

＊表布

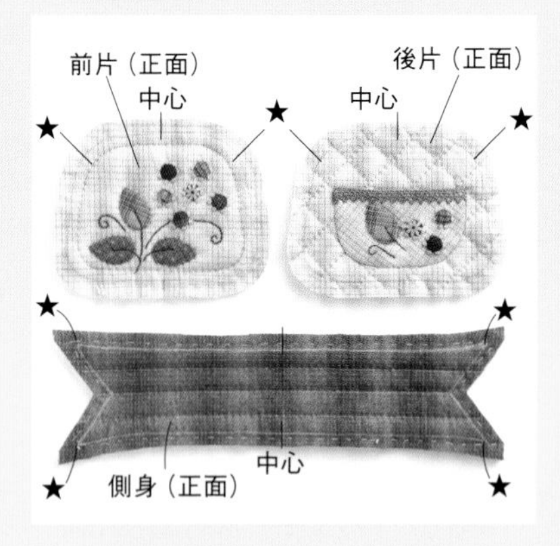

1 縫上壓線，刺繡完成的前片與後片，將側身準備好（後片先將裡袋以藏針縫固定），各裁片的正面放在紙型上，從後片用消失筆將完成線與縫合記號描繪上去，前片與後片作法相同。

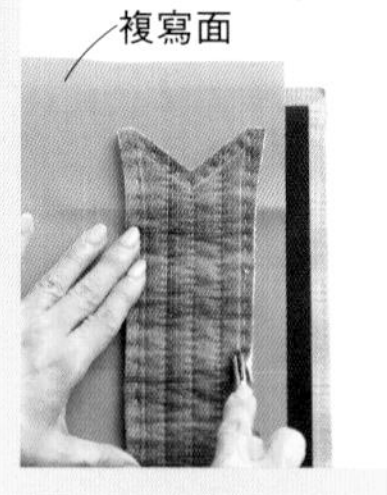

2 在手藝用複寫紙的正面將側身放上去，表面的記號以實線點線器沿著完成線畫上痕跡，前片與後片作法相同。

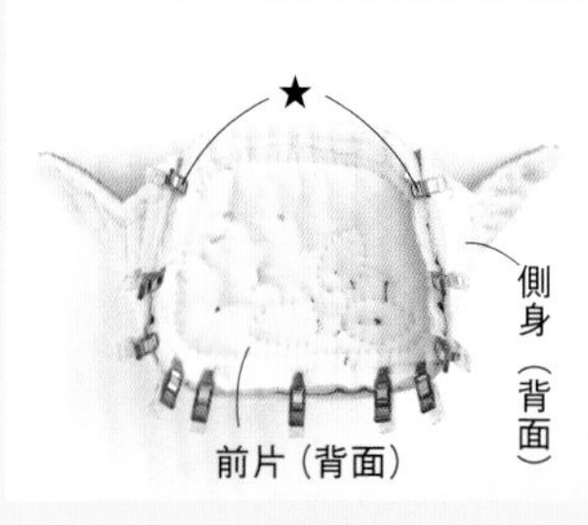

3 前片與側身正面相對疊合，對齊★記號後疏縫。

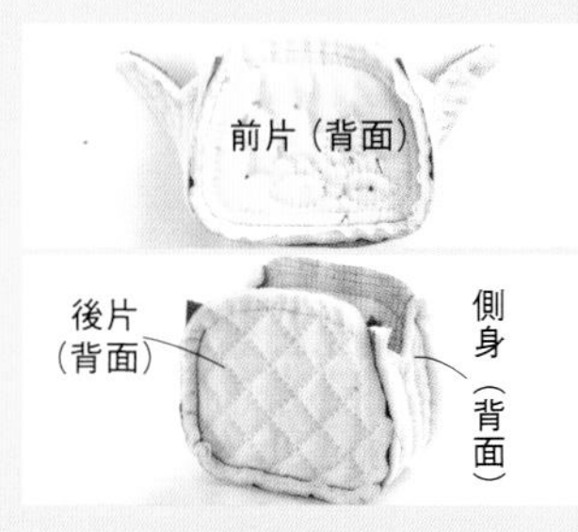

4 ★開始到★為止車縫，另一邊側身的後片也是以相同方式縫合固定。

5 裡袋同樣以3至4的方式製作，同時，其中一側的袋底預留返口。

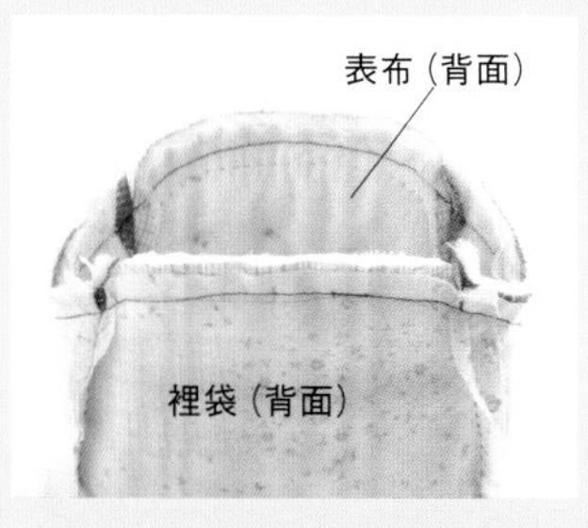

6 表布與裡袋正面相對疊合，將袋口車縫，這時份裁剪。

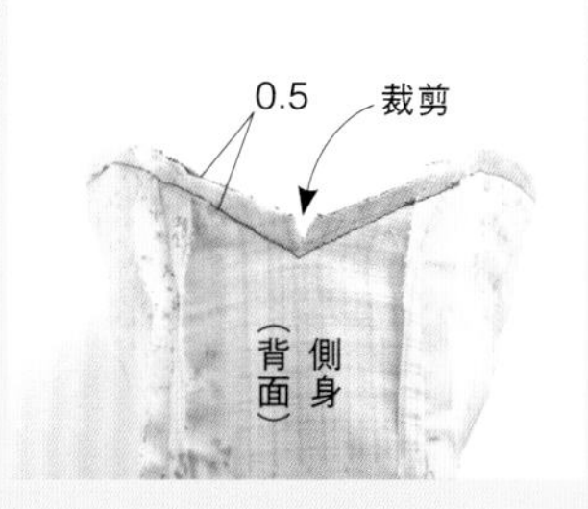

7 將縫份裁剪至0.5㎝，側身凹陷的縫份裁剪至車縫線邊緣。

＊將口金縫合固定

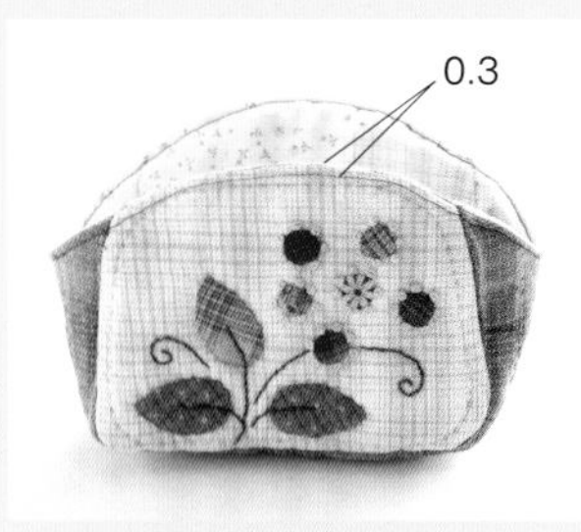

8 從返口翻回正面，將形狀整理後縫合返口，車縫袋口。

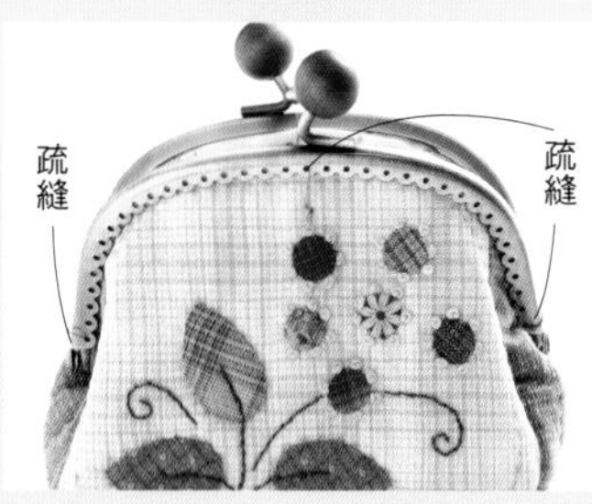

9 中心對齊口金溝槽，將表布袋口塞入，針以2股線穿過口金中心的孔洞，從裡袋側出針，穿過口金上方，表布正面開始從裡袋出針後打結，以相同方式縫製後片中心，將前後片的左右端疏縫。

10 取2股縫線穿過口金上的孔洞之後，於口金孔洞間隔2至3個疏縫縫法。

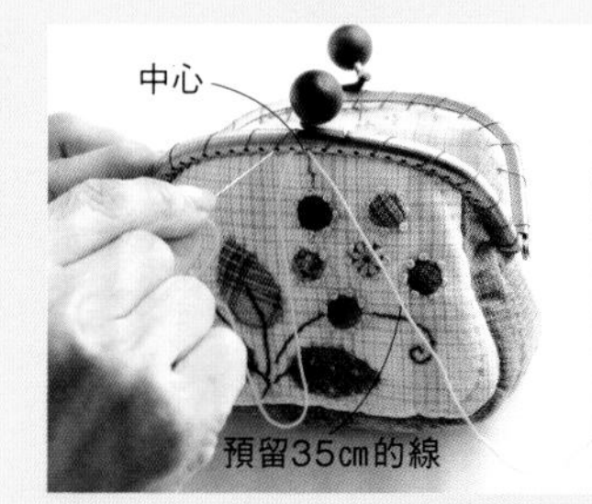

11 將針穿過長70㎝的縫紉用棉線，將線預留35㎝在中心的孔洞後，往左側前進，一個一個孔洞縫合。

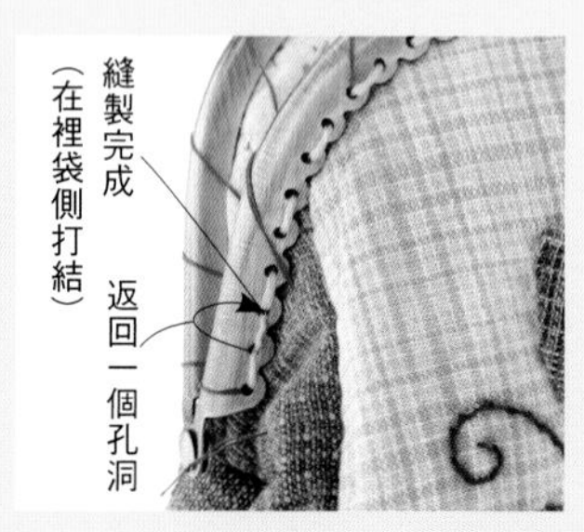

12 縫至最左邊的孔洞時，返回一個孔洞後，在裡袋側的口金邊緣打結。

13 以針穿過11留下的線，從中心的孔洞開始往右側前進，一個一個孔洞縫合。

14 縫至最右側的孔洞，與12相同方式打結，後片將口金縫合固定後，將疏縫線拆除。

基本技巧

製作紙型與作記號

關於紙型

紙型用太薄的紙會很難使用，請準備厚一點的紙。自己製圖的紙型，或是書本影印的紙型，請貼於厚紙板上保持厚度，以剪刀或美工刀沿著線條剪開使用。各個紙型都必須將布紋方向記號與合印記號畫清楚，片數的號碼寫上也很好操作。

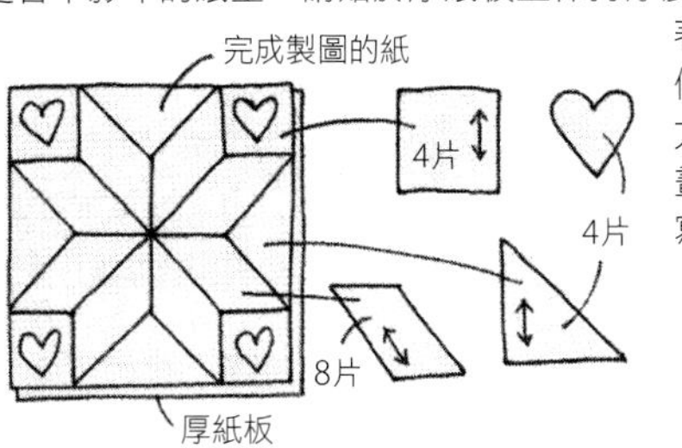

關於作記號與布片

將紙型放於布上，以2B左右鉛筆的尖端作記號。普通的布片記號於布的背面，貼布縫的布片記號於正面。縫份預留0.7cm（貼布縫0.3至0.5cm）為大概的基準，以目測裁剪大概的縫份也OK。裁剪下來的布片稱為「布片」將布片相互拼接縫合稱之為「拼縫布片（布塊）」。

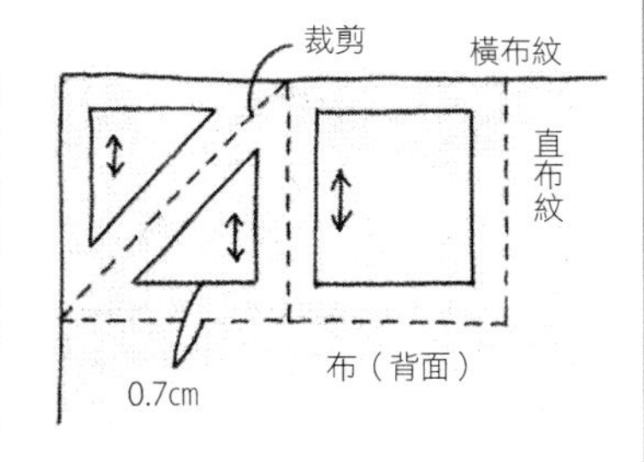

下水處理

布買回來後，使用前先以水洗浸泡過。這個動作叫作「下水處理」，是製作前的基本作業。布料過水後會產生縮份，縮份的多寡會因材質不同而有所差異。假使布料沒有過水直接使用，完成作品洗滌後，將會成為產生皺摺與扭曲變形的原因。還有「下水處理」也含有將歪斜布紋整理整齊的意義。

關於布紋

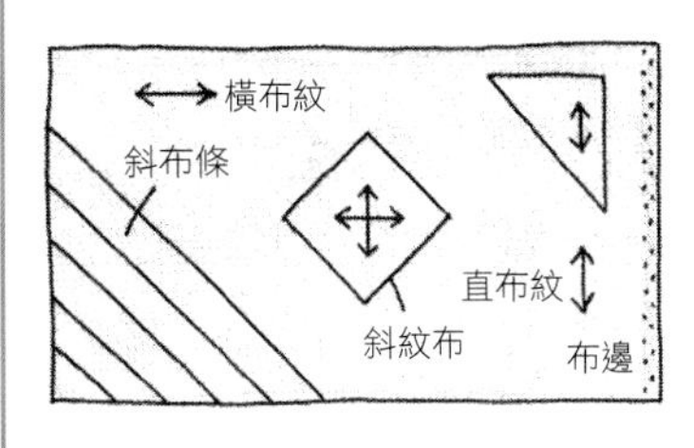

紙型中間的記號就是「布紋」。布紋是指布料的縱橫織紋。布紋如果縱橫有正向交錯，布料就不會歪斜。拼布時，各布片畫有布紋方向記號，請依照布料的直布紋或橫布紋方向裁剪。沒有依據布紋方向記號裁剪時，容易產生斜紋布。斜紋布會有適度的伸縮性，較適合貼布縫的布片或者是滾邊條。

珠針的固定方法

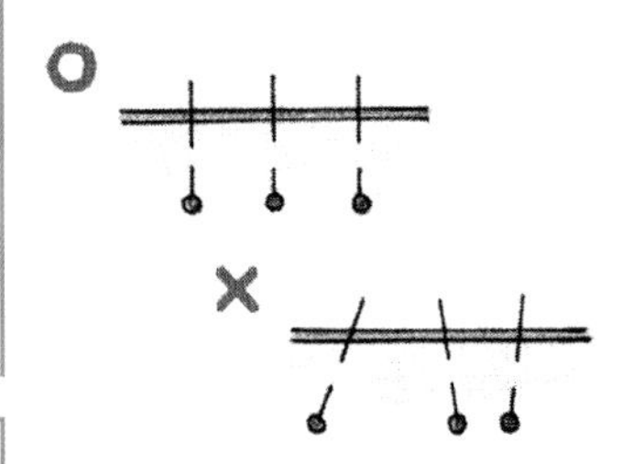

布片縫合時，以珠針疏縫固定是非常重要的一件事。將拼縫布片的2枚布片，對齊記號正面相對疊合、兩端的記號一>中央的順序固定。將貼布縫的布片放於台布上，珠針挑起少量的布固定。只有些微的歪斜，也是布片錯位的原因，所以務必對齊完成線，以垂直的角度將珠針下針固定。

貼布縫的方法

一邊將縫份塞進內側一邊進行藏針縫

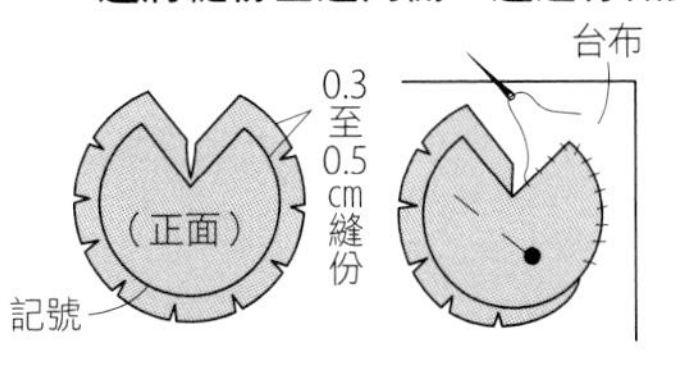

於表布的正面作記號縫份預留0.3至0.5cm後裁剪，凹陷處與弧度處的縫份剪牙口（凹陷處剪記號外側0.1cm為止、弧度處剪更少一點點）。放於台布上，沿著記號一邊以針尖將縫份塞進內側一邊進行藏針縫。

做出形狀後進行藏針縫

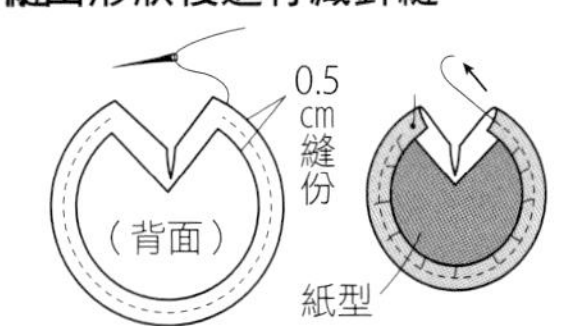

布片的背面作記號，預留0.5cm縫份後裁剪，凹處的縫份剪牙口，弧度的縫份平針縫。為了止縫結不會輕易穿出，打大一點的結。將平針縫的線靠著紙型拉緊，以熨斗整燙後，摺入直線部分的縫份。線不要拆除將紙型取出，放於台布進行藏針縫。

拼縫布片的基本方法

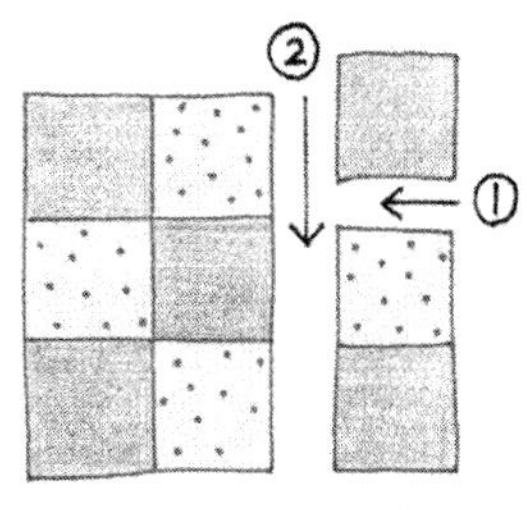

邊至邊（布端縫至布端）

四角形的版型等的縫合方法。布片從一端縫合拼接至另一端，幾片布片拼接成布塊後，再將布塊拼接縫合成主體表布。

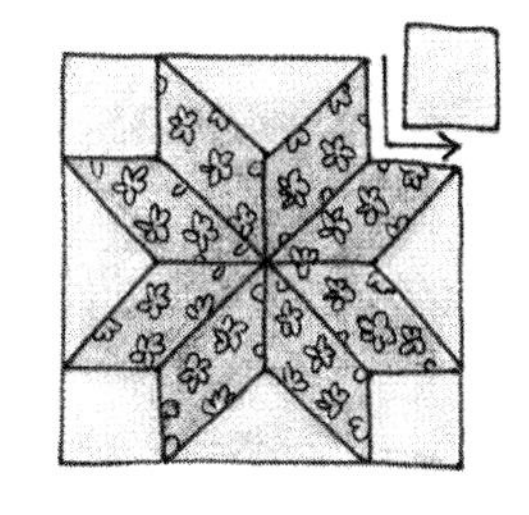

鑲嵌拼縫

邊至邊無法完成的版型。小部分縫合至記號為止，再於布片之中夾入另一布片，以鑲嵌的方式將圖形拼接縫合。

始縫結與止縫結的方法

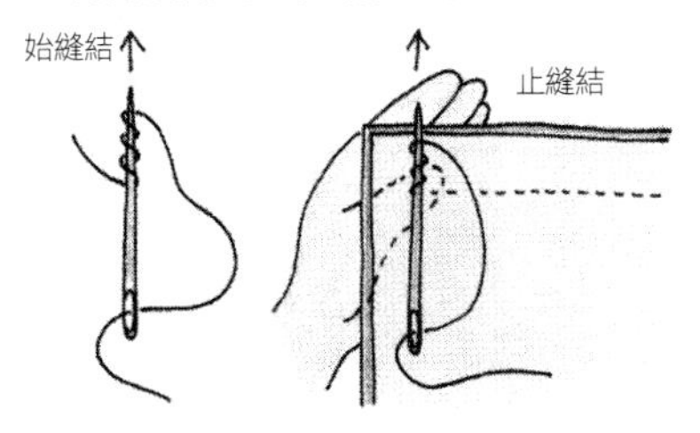

針尖端將線繞捲2至3圈，捲好部分以大拇指一邊壓住一邊將針抽出。

基本縫法

記號到記號的縫合

縫合從記號到記號。兩端鑲嵌縫合時（參考右上），使用此方法。

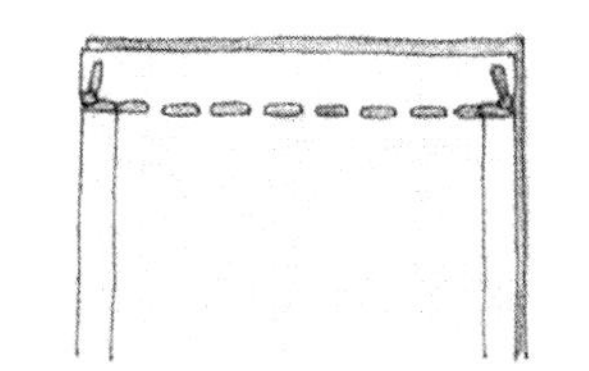

從布端縫合至布端

兩端縫合邊至邊（參考上圖），從布的邊端縫合至另一邊端，兩側各一針回針縫。

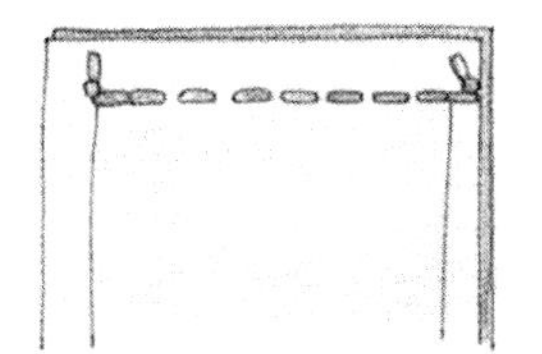

布端開始縫合至記號

只有單邊要縫合鑲嵌拼縫時，鑲嵌拼縫側縫合至記號。

P.80

斜布條的作法

市售的斜布條也很方便，但是若用喜愛的布料作斜布條，更能襯托作品的美。製作斜布條有兩種方式：需要少量時「先剪後縫」需要大量時「先縫後剪」，運用這兩種方式即可方便作業。

先剪後縫

先裁剪長20至30cm左右的布料後，再剪45度角的對角線與必須要的寬幅布條。

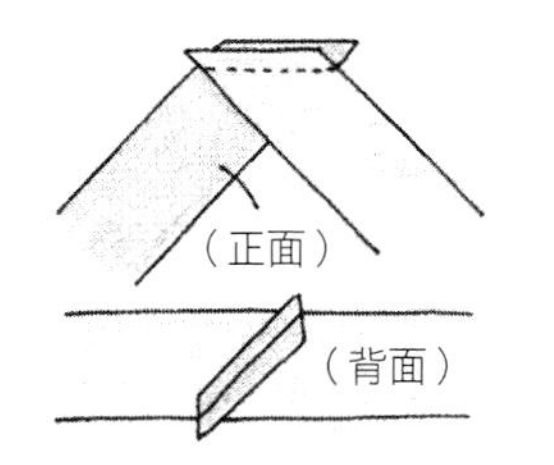

長度不夠時，再將布條接縫使用，要將縫份燙開。

先縫後剪

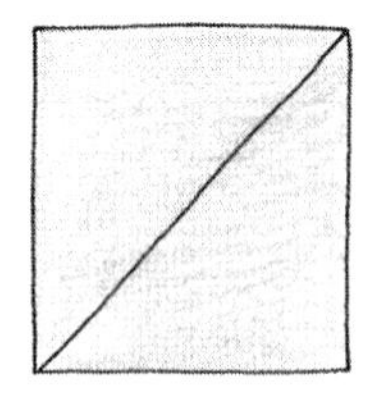

布料先剪正方形後，再裁剪45度的對角線。

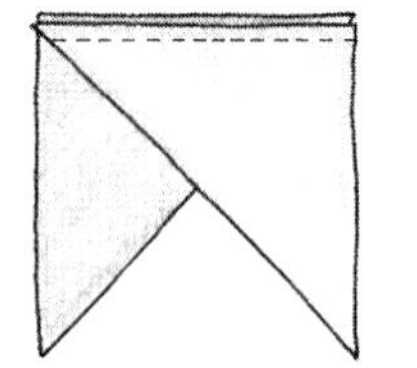

將裁剪好的布料如圖正面相對縫合，建議以縫紉機縫合。

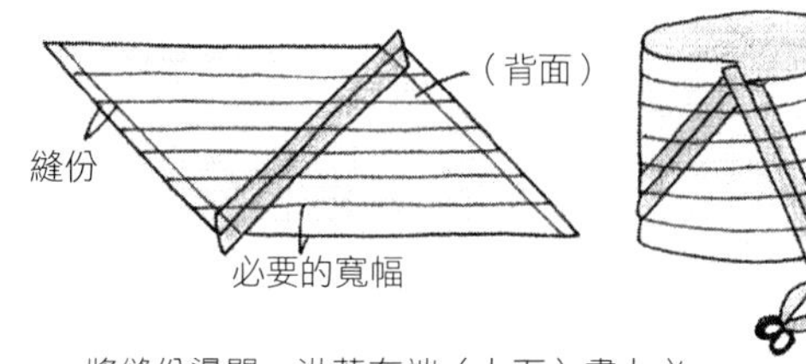

將縫份燙開，沿著布端（上下）畫上必要的寬幅記號，將布端（左右）錯開一段後縫合，以剪刀沿著記號線裁剪。

滾邊的作法

完成邊框

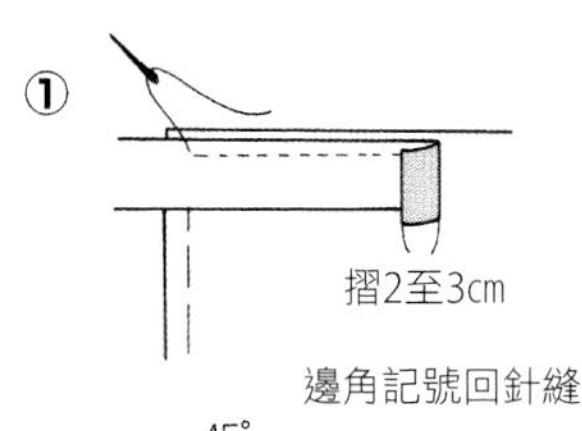

邊角記號回針縫

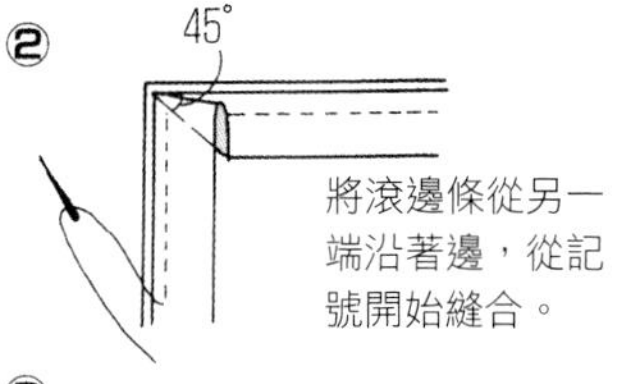

將滾邊條從另一端沿著邊，從記號開始縫合。

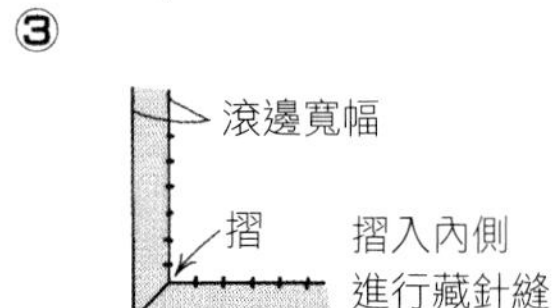

摺入內側進行藏針縫

疏縫方法

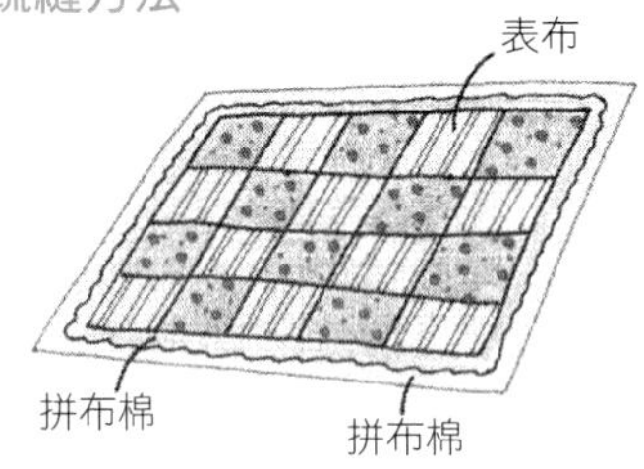

疏縫方法

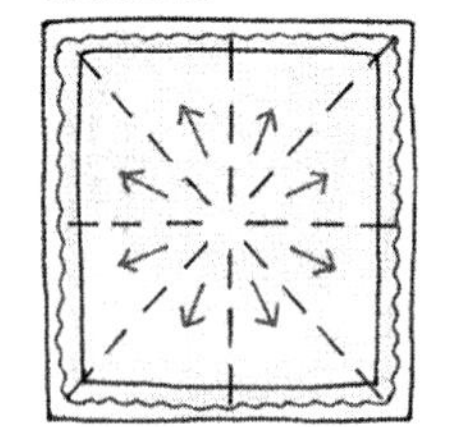

基本上從中心開始向外以放射線狀從中心往外縫成米字狀疏縫。

疏縫前的準備

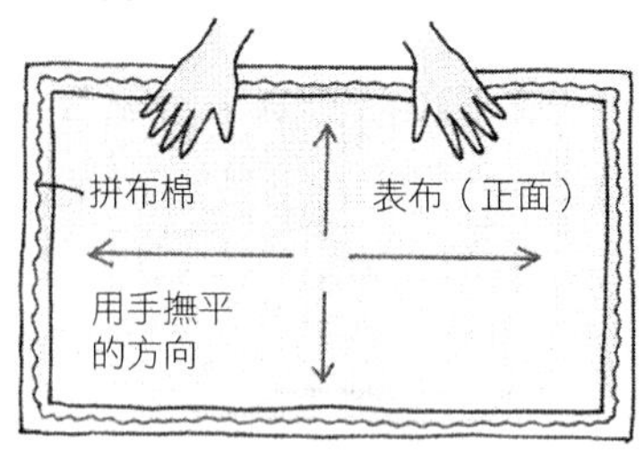

依照裡布、拼布棉、表布的順序重疊，從上層將全體平均的以手掌撫平。

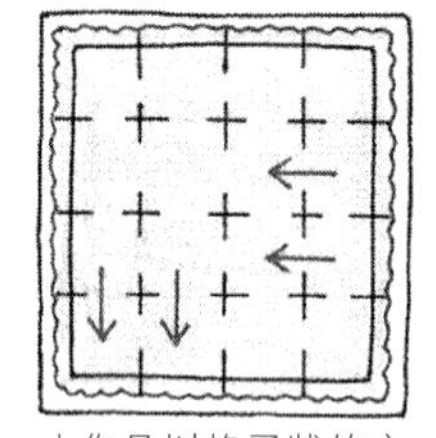

小作品以格子狀的方式疏縫也OK。

壓線的方法

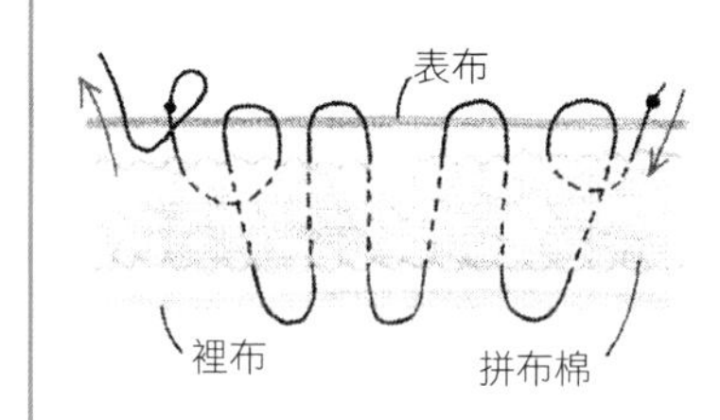

第一針從離開一點的位置將針穿入，將始縫結拉緊陷入拼布棉內。第一針回針後開始壓線，結束地方也同樣回一針，將止縫結用力拉緊隱藏於裡面。

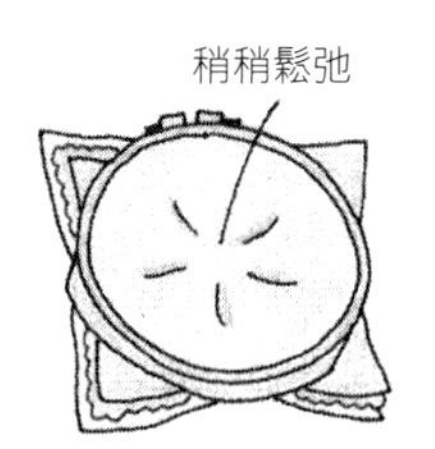

以繡框撐開，壓線會比較漂亮。不要繃太緊，以拳頭撐一下的鬆緊度剛剛好。

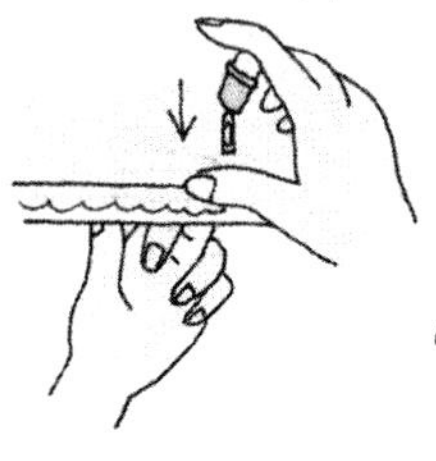

頂針戴於兩手的中指。以慣用手的頂針將針頭壓入，垂直的向下刺入。

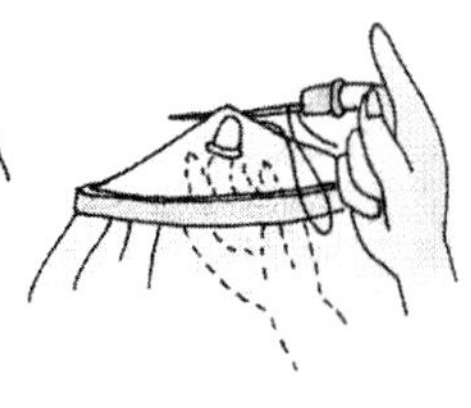

下面的頂針當成受針方，接下來從下面3層一起挑針。針趾最好維持一致。

縫份的處理方式

A 以裡布包捲處理

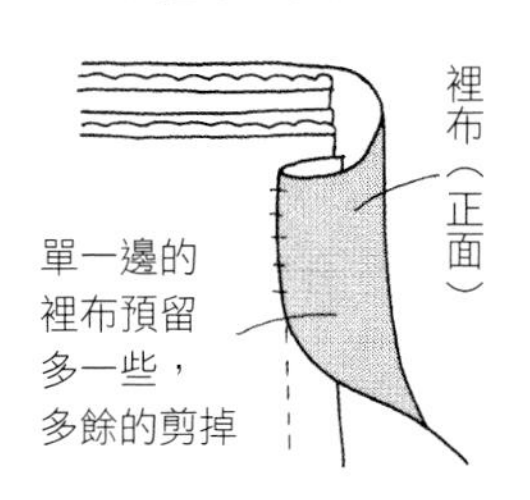

預留裁剪縫份後，以包捲的方式將多餘的裡布縫份向內摺，以較細的針趾進行藏針縫。

B 對齊縫合

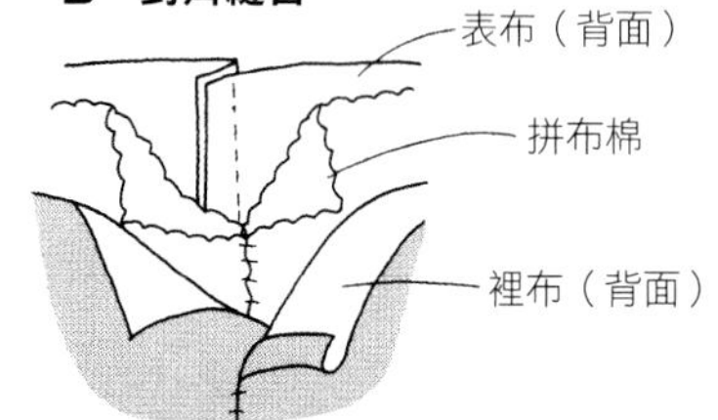

邊端的壓線事先預留3至5cm。只將表布正面相對縫合，縫份倒向單邊。拼布棉對齊縫合，再將裡布進行藏針縫。

各種縫法

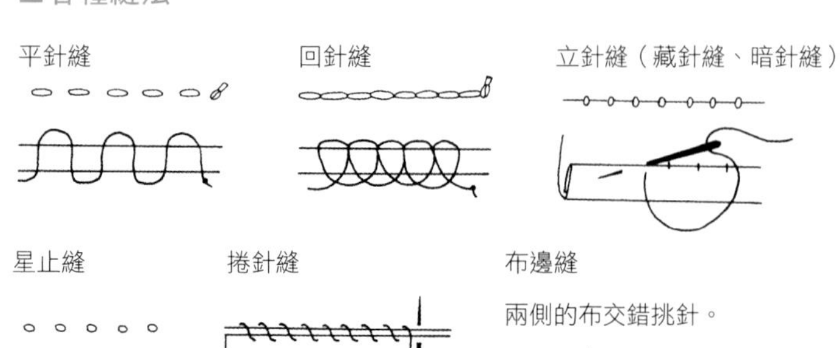

拼布美學 PATCHWORK 39

南久美子の暖暖系拼布

40款可愛實用的手作包・布小物・家飾用品

作　　者／南久美子
譯　　者／Alicia Tung
發 行 人／詹慶和
總 編 輯／蔡麗玲
執行編輯／黃璟安
特約編輯／蘇春惠
編　　輯／蔡毓玲・劉蕙寧・陳姿伶・李宛真・陳昕儀
封面設計／周盈汝
美術設計／陳麗娜・韓欣恬
內頁排版／造極
出 版 者／雅書堂文化事業有限公司
發 行 者／雅書堂文化事業有限公司
郵政劃撥帳號／18225950
戶　　名／雅書堂文化事業有限公司
地　　址／新北市板橋區板新路206號3樓
電　　話／(02)8952-4078
傳　　真／(02)8952-4084
網　　址／www.elegantbooks.com.tw
電子信箱／elegant.books@msa.hinet.net

2018年11月初版一刷　定價450元

Lady Boutique Series No.4540
MINAMI KUMIKO NO KAWAIKUTE KICHINTO TSUKAERU PATCHWORK
2017 Boutique-sha, Inc.

經銷／易可數位行銷股份有限公司
地址／新北市新店區寶橋路235巷6弄3號5樓
電話／(02)8911-0825
傳真／(02)8911-0801

國家圖書館出版品預行編目(CIP)資料

南久美子の暖暖系拼布：40 款可愛實用的手作包．布小物．家飾用品 / 南久美子著；Alicia Tung 譯．-- 初版．-- 新北市：雅書堂文化，2018.11
　面；　公分．--（拼布美學；39）
譯自：南久美子のかわいくてキチンきちんと使えるパッチワーク
ISBN 978-986-302-460-6(平裝)
1. 拼布藝術 2. 手工藝

426.7　　107017955

原書製作團隊

作品製作協助／岡田麗子・樋口順子・南智恵子
編輯／関口尚美・神谷夕加里
作法插圖、編輯協助／為季法子
編輯協助／高橋沙絵（P.68、P.69）
攝影／小野さゆり（P.2、P.16至P.19、P.47、P.67、P.78）
　　　藤田律子（P.68、P.69）
　　　山本和正
排版／橋本祐子
協助／オリムパス製絲株式会社・クロバー株式会社

以祝福之心，為你而作的拼布禮物！

獻上33款只想送你的
手作拼布包！

本書收錄33個充滿巧思及創意的迷人拼布包，柴田明美老師在書中細心介紹其設計的靈感及手作包的每一個小細節，彷彿進入了她的拼布工作室，從特殊的選布、可愛的配色開始，隨心所欲搭配每一件作品的製作回憶、走訪過的人文風景，即便是簡單的包款，也因為老師裝飾上的小配件，而變得更加別具意義，每一個拼布包，都非常適合作為禮物贈送給想要表示感謝或表達情意的家人或朋友。

書中作品皆附有詳細作法教學及原寸紙型＆圖案，收錄基本拼布製作、刺繡方法等技巧，初學者也可以跟著柴田老師的說明，一起動手完成！快拿起針線，為自己、為家人、為朋友，作一個專屬於他的拼布禮物吧！收到的人一定會很開心喲！

手作專屬禮
柴田明美送給你的拼布包

平裝／88頁／21×26cm／彩色
柴田明美◎著
定價450元